除了驚奇，還是驚奇

文◎吳平（文化企業家）

　　潘樵是一位很特別的朋友，年輕的時候我們一起寫詩、寫散文，也一起懷抱過許多我們認為很偉大的夢想，但是在那段意氣風發的青衫歲月中，他不像其他的朋友喜歡高談闊論、滿嘴理想，他總是安靜地聆聽、默默地耕耘，給人一種內斂的印象，不過他始終沒有被輕忽，因為每隔一段時間，潘樵總會做出一些令人驚奇的成績來，可能是一篇令人激賞的文章，也可能是一件精彩有趣的創作，要不然就是一次驚險刺激的探險旅行。

　　如今，那段一起寫詩、寫散文的歲月已經離我們好遠了，當時一起懷抱夢想的朋友也大多在現實的生活中載浮載沉，早已忘了當年的諾言與抱負，因此，還能夠堅持初衷、不斷創作的，恐怕只剩下潘樵一人而已，因此作為他的朋友，我們其實是既驕傲又羨慕的。

　　我經常在想，潘樵之所以能夠對某些事情持之以恆、堅持到底，應該跟他童年的成長過程有關，因為他在貧困的鄉間長大，加上三歲時喪父，使得潘樵從小就展現出過人的早熟心智，因此用認真懂事其實已不足於形容他的人格特質，在潘樵的小說集《虛擬自然》書中，音樂詩人賴鴻文先生在推薦序文中有這麼一段文字，十分貼切地形容潘樵：「『咬

定青山不放鬆，立根原在破岩中，千磨萬擊還堅勁，任爾東西南北風』，這是鄭板橋的題竹石詩，我實在有點懷疑？潘樵是否從小就熟讀此篇，而且將之當成一生努力的座右銘，因爲認識潘樵，發現它像極詩中的情景。」

是的，就是這種「咬定青山不放鬆」的精神，讓潘樵不管在任何一方面，總是全力以赴，總是堅持到底。民國78年，他因爲家庭的需要而返鄉定居，原以爲在埔里山城的悠閒環境中他會鬆懈下來，沒想到他依舊勤奮認眞，在鄉居二十餘年的歲月中，除了上班工作之外，潘樵已經陸陸續續完成四十幾本的著作，而且還舉辦過十幾場的藝術創作展，因此每隔一段時間，我便會收到潘樵寄給我的邀請卡，或許是新書發表，也許是藝術展覽，一開始我還會覺得驚奇，因爲多年不見的老友在文藝創作上面竟然不斷地發光發熱，但是後來可能是習以爲常了，那種驚奇的感覺不見了，甚至每隔一段時間沒有潘樵的消息，我還會主動打電話去詢問他：「最近在忙什麼？什麼時候要出書啊？下一次畫展在什麼時候？」哈哈哈，彷彿潘樵不出書就不像潘樵。

2010年的暑假，與一群酒肉朋友在夜市應酬吃飯，正值酒酣耳熱之際，潘樵來了一通電話，要我幫他的新書寫篇序文，在酒精的作祟下我毫不考慮地便答應，迷糊中我問：「這次的內容是寫什麼？」潘樵回答：「青蛙，寫台灣所有的青蛙。」一時之間，我有種被嚇到的感覺，因而清醒了不少；雖然知道潘樵近幾年來愛上生態觀察，但是我萬萬沒有想到，他是認眞的，他不是玩玩而已。

幾天後，我收到潘樵寄來的書稿，每篇文章都還搭配彩色的蛙照，讓我迫不及待地逐篇閱讀，於是藉由他生動的文

字的引導，我彷彿也跟著潘樵去野外尋蛙一般，過程或曲折離奇、或緊張刺激，眞是有趣的一種經驗，而且難得的是，有些蛙類在台灣中部沒有，他必須南北奔波，同時在漆黑無人的山林野外探索，光是想像，就足以讓我這種既怕黑又怕鬼的人不寒而慄，因此看完整本書稿，我除了驚奇，還是驚奇！

是的，就是驚奇！每隔一段時間，潘樵便會給我們完全料想不到的驚奇事物，或許是一本新書，也許是一次展覽，他就像一位深藏不露的魔術師一樣，我們都不知道，接下來他會從衣袖間變出什麼東西來；而這回，他竟然在短短的一年多的時間，完成全台灣33種蛙類的尋訪及撰寫，這種跨領域的努力和成就，遠遠超過他之前給我們的驚奇指數，因此，讓《蛙現台灣》這本書充滿著一種令人想像的迷人魅力，一個文學家所寫的蛙書，光是想像就讓人充滿期待。

因此，身爲潘樵過去式的文友，我感到十分榮幸與驕傲，能夠幫他的這本蛙書寫篇序文，一來爲我們曾經共同擁有的文學夢想書寫誌之，二來也爲潘樵不斷的創作給予喝彩。給他一些時間，也給自己一點等待，潘樵便會不斷地給我們帶來各種可能及驚奇，就像《蛙現台灣》這本書一樣，眞是精彩又有趣。

關懷蛙，就是關懷我們的環境

文/彭國棟
（前農委會特生中心研究員兼副主任、
現任暨大及亞大等兼任教師）

　　這是一本很不一樣的書。潘樵老師30年來一直是台灣本土文學的默默耕耘者，能寫、勤寫、不斷的寫是他的特色，但沒想到他會臨老入花叢去找蛙。從2009年4月發願探訪台灣的蛙到出版這本奇怪的書，只有短短一年半的時間，有人說他天蠶再變，但我知道並觀察到，這是他將近50年血液中鄉土基因的爆發，不得不然。也許不久的將來，一定還有餘震連連。

　　蛙在地球上已經有3億5,000萬年的生存歷史，但是我們大部分的人，都不知道蛙的多樣性及它們奇特吸引人的地方。它們是第1個登上陸地的脊椎動物，自從恐龍時代，蛙的鳴唱聲就充滿了夜空，到處傳唱，它們的老祖宗目睹了恐龍這種巨獸的滅亡，也曾眼睜睜的看到第一隻鳥類如何由地面飛上天空、第一個人類如何由樹上下來，開始用兩隻腳站立及走路。蛙更是視覺上最吸引人、聲音最悅耳、生態適應最強、超級美麗而且有趣迷人的生物之一。

　　全世界已知的蛙約有5,000種，台灣氣候溫暖，地形複雜，河川、湖泊、濕地及森林遍布，是蛙生活繁殖的適合地

點，所以種類及數量很多，長期生活在這塊土地上的原生種蛙共有29種，其中8種為台灣特有種，7種是依照野生動物保育法公告的保育類野生動物。它們在環境保育、遺傳基因保存、美學、文化、及經濟等方面有重要的功能外，賞蛙、研究蛙及保護蛙更是保育生物多樣性、瞭解自然奧秘及體驗自然美學的重要途徑。如果將牛蛙、海蛙、花狹口蛙、斑腿樹蛙等近年入侵的外來種一齊計算，台灣的蛙就有33種。

　　由於工作及興趣的結合，我認蛙、學蛙及教蛙近20年，我深深體會，賞蛙及認識蛙的生態，可幫助瞭解自然奧秘，體驗自然美學，可學習環境問題，提昇環境意識，更有助發展生態旅遊及保護物種。台灣各地仍保持相當的原始森林及乾淨的溪流，值得大家以謙卑的心，深入每一條步道，做知性、感性、教育性及高品質的自然體驗與愉快享受。透過潘樵老師的尋蛙過程，本書將帶領各位讀者看到很多大家熟悉的場景與老地方，如果再更認真瞧一瞧，你也會發現這本書不僅寫蛙，更在寫景、寫人、寫故事，寫著這位來自鄉下的半百中年人對台灣這片山水及芬芳泥土的濃烈關懷、執著與戀情，希望大家能深入閱讀，分享他的智慧及寶貴的追蛙經驗。更希望有更多人一起加入賞蛙、護蛙行列，認識蛙的迷人、多樣及超出想像的美麗世界。我想，這才是潘樵老師想要傳達的核心價值。

蛙現台灣 文◎潘樵

　　2007年11月1日，我在奇摩成立個人的部落格，並且大量地書寫一些與生態自然相關的文章，包括花草、樹木、昆蟲、蜘蛛及青蛙等等，經過一段時日的經營之後，我慢慢地累積了一些作品，而且也從網路中認識了一些同樣喜歡生態的格友們，有人喜歡蝴蝶，有人熱衷天牛，而有人則酷愛蜘蛛，然而不管大家的喜好是什麼？格友們在部落格中所展現出來的成績卻是令人刮目相看的，有些觀察記錄甚至比專業還更專業，因此讓我非常的佩服，於是大家的努力與投入遂成為我學習的對象。

　　2009年的四月底，有幾個來自南部的生態格友到埔里來找我，她們分別是竹子、怡萱、季風、angela及july，在網路中我習慣戲稱她們為昆蟲幫，當時，她們來埔里的目的，除了一睹油桐花的美麗之外，也希望能夠前往蓮華池一探，因為，隸屬於林務局的蓮華池研究中心是中台灣的生態寶地，當地擁有許多獨特的動植物，因此是許多喜歡生態的人必定要造訪的地方；其實，蓮華池也是我平時觀察生態的據點之一，所以，我便以地主的身份帶她們前往探訪。

　　當天下午，天空有些陰霾，但是並不妨礙大家尋找昆蟲的興緻，在蓮華池木屋教室前方的水池邊，大家四散在草地與林蔭間認真地尋找可能的蟲跡，而當時，池邊傳來豎琴蛙「登─登─登─登─登」的叫聲，我告訴昆蟲幫的友人，那是全台灣最珍貴的蛙類之一，只有蓮華池才有，這時大家才訝然明白！原來蓮華池除了昆蟲植物之外，還有如此奇特

的蛙類，但是當天我沒有穿雨鞋，所以沒能涉水去尋蛙給大家瞧瞧，只好抓一隻跟豎琴蛙長得很像的小腹斑蛙讓大家拍照，過過癮。

　　昆蟲幫的朋友雖然在蓮華池拍到不少昆蟲，但是豎琴蛙就在眼前卻無法窺其面貌，讓我的心裡多少覺得有些不好意思，於是隔沒幾天，我便隻身再訪蓮華池，打算要幫豎琴蛙寫篇專文來與格友們分享，那是對昆蟲幫的一種彌補吧。夏日午後的蓮華池是熱鬧的，蟬鳴蟲唧，還有豎琴蛙獨特的叫聲在空氣中傳盪著，穿著長統雨鞋的我，輕輕地涉水入池，然後循聲辨位，企圖在池邊的草叢中尋找豎琴蛙的身影，因此，當我慢慢地撥開野草，當我目睹一隻豎琴蛙正躲在土洞中發愣時，心中的那份歡然是無法言喻的，然而我還是按耐住心中的興奮，冷靜地幫豎琴蛙拍完照，那是真一次既順利又驚喜的尋蛙過程。

　　在蓮華池找到豎琴蛙，同時將相關的文章發表在部落格之後，我忽然突發奇想，豎琴蛙既然是台灣分佈最狹隘而且數量最少的蛙類，別人要找到它可是不容易的事，然而我卻輕易地手到擒來，我何不乘勝追擊？一併將其他的蛙蛙也收錄書寫，而這樣的念頭仔細想想，似乎是值得去嘗試的一件趣事；於是就在找到豎琴蛙之後不久，我便開始積極地進行台灣所有蛙類的尋訪；首先，我從我住的小鎮—埔里開始，說來幸運，台灣33種蛙類，在我住的附近就可以找到22種，因此我的尋蛙過程，一開始可以說是十分迅速的。

　　當然，在這段期間有許多朋友提供各種幫忙，才讓我的尋蛙工作進行得十分順利，包括埔里的祺文、裕富，中寮的小明及魚池的武誠等人，或提供線索，或幫忙找蛙，因此到了2009年的冬天，我已經收集了26種蛙類，只剩下分佈在台灣南部及東部的6種，於是等到2010年的春夏之際，當梅雨季節來臨，我便密集地多次南下，將剩下的蛙類逐一地收

錄，而且在南部訪蛙的過程中，昆蟲幫的格友們多次情義相挺，陪我在漆黑的山林野外尋蛙，真是讓人倍感溫馨。

其實，在埔里我並沒有知心的蛙友，因此除了家人以外，並沒有人可以陪我在黑夜裡去尋蛙，所以我習慣獨來獨往，因此，當若干朋友知悉我的行為之後，除了訝異，還紛紛地笑我「瘋了」，一個年近半百的中年男子竟然還有年輕人的瘋狂，我是應該高興？還是只能傻笑以對？但不管如何，我總覺得既然想做，那就全力以赴吧。

如今，台灣33種蛙類已經全部尋得，其中，在台中石岡所找到的斑腿樹蛙是尚未被學界所發表的新蛙種，而橙腹樹蛙則是我的最後一隻蛙，為了找它，我在台東的原始山區吃足了苦頭，幸好有當地朋友的幫忙，讓我在2010年的7月31日晚上，在台東太麻里的山區順利地找到了橙腹樹蛙，回顧這一年三個月的歲月，四百多天的日子，尋蛙幾乎成了我的生活重心，如今能夠順利地完成計畫，心情是既高興又感動，因為除了埔里地區若干朋友的關心及幫忙外，還有網路上的一群生態格友們，也不斷地給我信心與鼓勵，他們分別是竹子、怡萱、安琪拉、季風、阿廖、小蟹蟹、山豬、輝哥及不會游泳的海豚等，所以尋蛙寫蛙，光靠我一個人的力量是不夠的，謝謝大家。

其實，我不只寫蛙，我也寫景、寫人、寫故事，因此每一隻蛙，我都必須親自去尋訪，因為我要的是過程，所以對於蛙類，我只要能夠拍到其身影就心滿意足，我不在乎它是雄蛙還是雌蛙？也不計較它是成蛙還是幼蛙？如果可以進一步拍到雄雌抱接、產卵或是蝌蚪，那則是意外的收獲，所以在《蛙現台灣》這本書中，我純粹以一個文字工作者的角色來寫蛙，也許不夠專業也不深入，不過卻真實地呈現出尋蛙時的驚險與蛙類的豐富樣貌來，因此，這會是一種另類而有趣的人文蛙書吧，我認為。

目　錄

蓮華池木屋教室前的池塘。

豎琴聲中尋蛙蹤

尋訪地點	南投縣魚池鄉
蛙名科別	豎琴蛙（赤蛙科）
命名年代	1985年
保育種別	保育類

　　2009年四月底，與一群喜歡生態的朋友造訪蓮華池，我們在森林旁的池塘邊聽見了豎琴蛙「登—登—登—登—登」的叫聲，但是當時沒有穿雨鞋，所以無法深入草澤泥地裡去尋蛙，因此大夥兒只好聽聽聲音過過癮，然後在周遭的灌木叢裡繼續尋找其他的昆蟲。後來，在草地裡抓到一隻小蛙，竟然意外地引起大家的爭相拍照，那是一種彌補吧，還是一種「無魚蝦也好」的心理作用，因為那是一隻腹斑蛙的幼蛙，根本就不是豎琴蛙。

　　豎琴蛙的外型其實跟腹斑蛙長得很像，但是體型略小，而且叫聲跟腹斑蛙的「給—給—給」也不一樣，比較類似撥弄琴弦的「登—登—登—登—登」，這也是豎琴蛙名字的由來。另外，豎琴蛙的雄蛙會在水池旁的植物根部挖洞鳴叫，用以吸引雌蛙進入交配產卵，這種會挖洞的特殊習性，也與其他的蛙類不一樣。

躲在土洞中的豎琴蛙。

豎琴蛙的外表跟腹斑蛙很像。

豎琴蛙有一條背中線。

　　座落於南投縣魚池鄉五城村的蓮華池研究中心，是屬於農委會林業試驗所的研究機構，也是豎琴蛙目前在台灣唯一的棲息地，數量十分稀少，因此是瀕臨絕種的珍貴蛙類，每年四月到八月間，是豎琴蛙的繁殖期，因此在蓮華池的那處水塘邊，便可以輕易地聽見豎琴蛙「登—登—登—登—登」的叫聲。由於前些日子與朋友造訪蓮華池時，只聽見蛙聲而不見蛙影，心裡多少有些遺憾，因此找一天無事的午後，我專程前去尋蛙。

　　初夏的午後，森林裡安靜得令人意外，彷彿所有的昆蟲及鳥獸都還在午睡當中，於是山風吹來，稍不留意便弄響了一陣陣的窸窣，連帶的，讓森林深處的山棕花香也跟著四處瀰漫。

　　於是，在山棕的花香中，我悄悄地走近水塘，豎琴蛙「登—登—登—登—登」的聲音依舊在池邊迴盪

著，但是蛙兒機靈得很，隨著腳步聲的靠近，叫聲便會立即停止，因此迫使得我必須屈蹲在池邊不動，假裝自己是一棵樹或是一枚石頭，於是在一段時間的對峙與靜止之後，蛙鳴又起，「登—登—登—登—登」地響著，這時聽聲辨位，我針對一株筆筒樹下方的草叢下手，迅速地將草堆翻倒並撥開落葉，果不其然，草根處有一小洞，一隻蛙正探出頭來，但是隨著我的身影的晃動，蛙兒立即縮回洞中，這時我趕緊伸手堵住洞口，擔心蛙兒會跳出逃走，然後從腰間抽出數位相機來先拍幾張相片，包括蛙兒躲在洞口的畫面，因為那就是證據，證明那是一隻真正的豎琴蛙。

　　接下來，我小心翼翼地將蛙兒趕出來，然後在一旁的水塘邊幫它照相，並且觀察它的特徵，資料上寫著：「……有明顯的淺色背中線直達吻端。」這是分辨腹斑蛙與豎琴蛙的最大差異吧，我找到的蛙兒當然有背中線，但是並沒有直達吻端，不過我並不在意，因為我十分肯定它就是豎琴蛙，因為叫聲、因為土洞，就算它沒有背中線也無所謂。

　　於是在幫那隻蛙兒拍了幾張照片之後，雖然被它竄然逃走，但是我的心情仍然有一種滿足與快意；而當時，整個森林依然安靜著，山棕濃烈的花香仍舊在鼻息之間漂浮，於是我愉悅的心情就像豎琴蛙的叫聲一樣，顯得悠揚而且輕快。

趴伏在水中的豎琴蛙。

趴在一根浮木上的澤蛙。

發現澤蛙

尋訪地點	南投縣埔里鎮
蛙名科別	澤蛙（赤蛙科）
命名年代	1834年
保育種別	無

因為喜歡自然和生態，所以儘管我家的庭院很小，但是我還是勉強擠進十幾盆綠色的植物，讓它們依偎交錯，營造出一片隨性的空間來，另外，在盆栽與盆栽之間，我還擺著一些從溪裡撿回來的石頭，雜亂地堆疊出一些隱密的角落，讓一些小動物可以躲藏，也讓濕苔能夠恣意地生長，於是從窗子望出去，我輕易地便可以看見自然的風景與顏色。

去年，我曾經聽見拉都希氏赤蛙的叫聲從庭院裡傳出來，但是卻一直找不到它的蹤跡，幾天前，我又聽見蛙鳴了，這回換成是叫聲「嘓─嘓─嘓」的澤蛙，聽到蛙鳴的當天晚上，養在庭院裡的小狗顯得很緊張，彷彿它的地盤遭人入侵一樣，於是見它四處嗅聞，企圖從盆栽與石頭縫間找出聲音的所在，但是每當

澤蛙的紅眼睛。

歪斜的背中線令人印象深刻。

停歇在水金英葉片上的澤蛙。

小狗一靠近，蛙音便嘎然停止，等小狗一離開，蛙鳴
又起，於是隔著窗子，我聽見蛙鳴，也看見小狗一臉
無奈的逗趣模樣。

　　朋友阿權送我一個碗狀的石器，因為很重，所以
我沒有搬進室內，就擺在庭院的角落，然後蓄著水，
種一株會開黃花的水金英。昨天夜裡回到家，打開大
門，我突然聽見「噗通！」一聲，那是有東西跳入水
中的聲音，於是走近石碗一探，原來是一隻澤蛙正潛
伏在水底，由於水質清澈，因此就著燈光，那隻澤蛙

根本就無所遁形，但是它仍然很認眞地躲著，動也不動，以爲沒有人發現它一樣。

隔天一早醒來，我到庭院裡去找那隻澤蛙，沒想到它還在，而且安靜地蟄伏在水金英的葉片上，將自己趴成一件作品、一尊雕像，彷彿別人都看不見它一般，讓人覺得有點好笑。擔心小狗會去騷擾它，我先將狗狗關在籠子裡，然後拿出數位相機來幫那隻澤蛙照相，這時，我才發現它背後的白線竟然是偏的，而且在接近臀部的地方竟然來個大轉彎，眞是奇特而且有趣。

其實，澤蛙是田野間最常見的蛙類之一，小時候，只要走在田埂上，澤蛙便會紛紛地跳入水田裡，包括溝渠、草叢及濕地，到處都可以看見大大小小的澤蛙，其數量之多讓人對於澤蛙一點都不覺得稀奇，但是童年已經遠離，環境生態也已經改變，雖然住家附近的田野間仍然可以聽見澤蛙的叫聲，但是數量實在少得可憐，因此，一隻無意間闖進我家庭院的澤蛙，遂讓我有著一些小小的驚喜。

躲在木穴中的小澤蛙。

停在葉片上的兩隻面天樹蛙。

葉片上的面天樹蛙

尋訪地點	南投縣埔里鎮
蛙名科別	面天樹蛙（樹蛙科）
命名年代	1987年
保育種別	無，台灣特有種

在大學裡上班，生活是穩定而且規律的，除了偶而學校舉辦活動才需要留下來加班，要不然，我通常會在傍晚的時候就下班回家，因此夜裡的校園是何種情境？我其實是有些模糊而且不確定的。

春夏之際，中文系舉辦一年一度的文學獎決審會，會議在夜晚進行，因此我留下來幫忙。晚餐之後，人文學院院會議室外頭的迴廊壁燈早就已經亮起，而周遭的草地及樹林裡也已經是一片漆黑，不遠處的建築物的燈光則從林間穿過來，在黑暗中形成漠楞楞的迷人光景。

面天樹蛙的背影。

決審會中途短暫休息，我從院會議室裡走出來透透氣，卻意外地聽見草地裡傳來面天樹蛙「畢—畢—畢—畢—畢」的叫聲，顯得熱切而且吵雜，到辦公室裡拿隻手電筒，我信步往蛙鳴的方向走去，晚風徐徐，將白天的酷熱吹得不知去向，也將草地旁的樹木吹得枝葉搖晃。

接近草地，蛙鳴乍然停止，於是我遂在風中站成一身的舒涼與安靜，並且等待蛙鳴的再起；循聲欺近，然後將手電筒開啟，在燈束的探照下，

攀附在樹枝上的面天樹蛙。

恩愛的一對面天樹蛙。

我發現兩隻面天樹蛙正停歇在櫻樹葉上隨風輕擺，那模樣真是閒適極了。面天樹蛙的雌雄體型差異不大，因此我不敢確定那是一對戀人？還是情敵？

根據資料的記載，面天樹蛙是台灣特有種的小型蛙類，1987年才由台大動物學系的王慶讓教授所命名的。在台灣西部的中、低海拔山區很容易發現其蹤跡，繁殖期從二月到九月，不過幾乎整年都可以聽到牠們的叫聲，而在繁殖期間，雄蛙通常會在夜晚聚集到水邊的植物體上或是地上鳴叫，叫聲是有規律而且從容的「嗶—嗶—嗶—嗶—嗶」，但是當許多隻雄蛙在一起鳴叫的時候，由於彼此之間互相較勁，叫聲便會變成雜亂而且急促。

　　草地裡的蛙鳴不見急促，依舊是「畢—畢—畢—畢—畢」地叫著，而且在其他的枝葉上，我還發現其他的蛙蹤，看來，夜晚的校園草地早已成為面天樹蛙的天堂，只是我有些納悶？白天的時候它們在那裡？因為我從未在上班時間看過它們，因而在春夏之際的夜晚，在人文學院周邊的草地裡遇見面天樹蛙，我的心情是意外多於歡喜的。

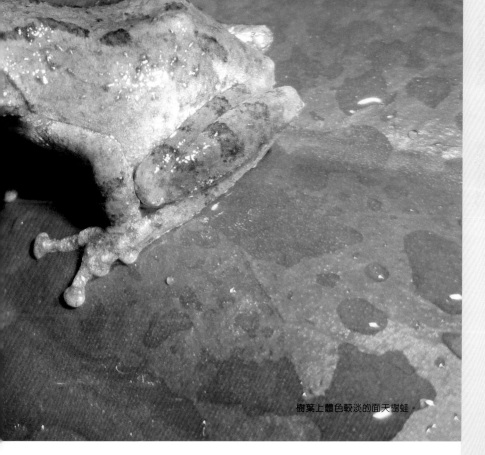

樹葉上體色較淡的面天樹蛙。

體色黑褐的面天樹蛙的小蛙。

邱氏樹蛙

尋訪地點	南投縣魚池鄉
蛙名科別	面天樹蛙（樹蛙科）
命名年代	1987年
保育種別	無，台灣特有種

　　住在郊區的小邱，他的房子佔地寬廣，加上擁有前庭後院，外觀優美，一直令朋友們羨慕不已。前幾年，在他的住家旁新開了一間民宿，然而民宿的建築一點也不突出，因此許多前往住宿的客人，經常誤將小邱的家當作民宿，車子一停，便拖著行旅要進屋，這種情形讓小邱困擾不已，於是有朋友建議他，可以在庭院的門口立個牌子，上面寫著：「不要懷疑？這裡是私人住宅。」或是「民宿在前方，快到了，加油！加油！」而這樣的提議，自然引起大家的哈哈大笑，原來！房子太美也會有困擾啊。

　　小邱曾經種過蘭花，雖然他目前以組合盆栽的教學為重心，不過屋前屋後還保留有網室的花棚，因此住家周遭的環境溼度頗高，加上庭院裡花木扶疏，因而成為蛙類棲息的理想環境，根據小邱表示，庭院裡經常會有蛙類出沒，體型都不大，或黑或褐，而且還會爬上樹幹、窗戶，以及停在院子裡的車輛，偶而還會跑進屋內呢，我猜想那應該是某種樹蛙吧？只是沒有親眼目睹，因此不敢確定。

躲在草叢中的面天樹蛙。

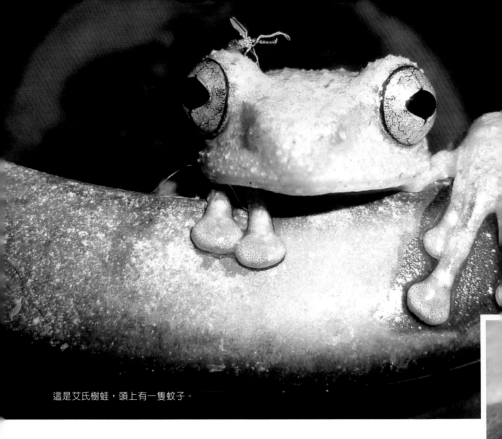

這是艾氏樹蛙，頭上有一隻蚊子。

　　有一年，初夏的某天夜裡，一群朋友在小邱家聚餐，午後的一場大雨讓外頭的空氣清新舒涼，也讓小邱家的庭院積水潮濕著，因而就在我們舉杯與閒聊當中，蛙鳴一直從屋外傳來，彷彿也想要進來喝一杯似的，於是不斷地吵鬧鼓譟，就像一群萬聖節時不給糖就要搗蛋的孩子們。

　　席間，有人對於那些吵嚷不休的蛙兒感到好奇，因此小邱特地到屋外去抓一隻進來讓大家瞧瞧，於是幾個人就著餐桌上方的燈光認真地研究起來，但是大家都不是專家，所以根本就看不出一個所以然，因此只好借著些許酒意而胡亂瞎猜，其間，有朋友突然說：「那是邱氏樹蛙啦，住在小邱

黑黑醜醜的面天樹蛙。

拉都希氏赤蛙的英姿。

家的蛙不叫邱氏樹蛙，不然要叫什麼？」這樣的起鬨當然又引起大家的哄堂大笑。

　　後來，當我對於蛙類有了較多的認識，也多次在小邱家聽見那些蛙兒的叫聲之後，我才終於明白，那是面天樹蛙與艾氏樹蛙，「畢—畢—畢—畢—畢」的叫聲十分悅耳，而且或間斷或持續地傳盪著。其實，除了小邱家的庭院，周遭的檳榔林及蘭花園也都充盈著蛙鳴，除了面天樹蛙及艾氏樹蛙之外，還有拉都希氏赤蛙、黑眶蟾蜍及澤蛙等等，因此，小邱座落於郊區的房子不但環境優美得令人稱羨，而且在生態方面也精彩得讓人印象深刻呢。

竹管製成的蘿笆成為艾氏樹蛙的棲身之所。

竹管裡的驚喜

尋訪地點	南投縣鹿谷鄉
蛙名科別	艾氏樹蛙（樹蛙科）
命名年代	1895年
保育種別	無

聽說，南投縣鹿谷鄉的溪頭是台灣艾氏樹蛙最多的地方，一直很想拍攝艾氏雄蛙在竹管裡護卵的情形，因為那是艾氏樹蛙最經典的一種畫面，但是在我住的埔里山城，儘管也有竹林，而且也有艾氏樹蛙的蹤跡，但是我卻始終找不到躲著艾氏樹蛙的竹管，因此，找一個沒事的假日，我和妻子專程前往溪頭去尋蛙，當然也順便去散散步。

我們是在午後抵達溪頭的，初夏的陽光沒有很囂張，特別是在濃密蔭涼的森林裡，陽光始終在林外徘徊，甚至是躲得不知去向，因此在溪頭的午後散步，心情是愉悅與舒服的。

根據資料的記載，在大學池旁邊就可以輕易地發現艾氏樹蛙的蹤跡，因此我們毫不考慮地直接前往大學池，假日的溪頭，遊客頗多，所以顯得十分熱鬧，因此在林間的山徑行走，一點也不覺得寂寞，甚至還讓人有種錯覺，彷彿置身於都會區的公園裡，除了

竹管裏的艾氏雄蛙及卵粒。

綠色體的艾氏樹蛙。

蟲鳴鳥叫之外，最多的聲音便是人們的嚷嚷不休。

　　抵達大學池，一群遊客正排隊等著要走過拱狀的竹橋，彷彿沒有走那一遭，就沒有來過溪頭一樣，於是橋頭、橋上，盡是一些擺著姿勢的遊客，然後對著親友手中的相機綻著制式的笑容。我們避開拱橋，在池邊尋找可能的蛙蹤，大學池附近並沒有竹林，只有池邊圈圍著竹管製成的護欄，我們一時興起，便逐一地彎腰去探視，想碰碰運氣，看看竹管裡有沒有艾氏樹蛙，沒想到裡頭竟然塞滿著各種垃圾，讓人有種莫名的失望與生氣。

　　突然！妻子在一旁喊著：「這裡有耶！」我聞聲張望，只見妻子在一根竹管護欄前笑著，我有點不敢相信，但還是走過去瞧瞧，果然！在積著水的竹管裡，我看見內壁上沾滿著蛙卵，一隻黑褐色的蛙正從水裡冒出頭來，真的是艾氏樹蛙護卵的經典畫面，讓我一時之間，高興得暫時忘了其它竹管裡還塞著垃圾

溪頭的大學池景致。

的事情，於是趕緊拿出相機來拍攝，最後還將那隻雄蛙給請出竹管來，並且將它擺在綠葉上猛拍一番。

　　真的是令人意外，前往溪頭尋蛙的過程竟然如此順利，我原本還打算要待到天黑才離開的，沒想到只是隨意地散散步，我就能找到艾氏樹蛙，同時也拍到渴望已久的雄蛙護卵的畫面，於是事後遂與妻子在池邊的休閒桌椅坐下來歇息，並且拿出背包裡的水果與茶飲來野餐，輕鬆得就像什麼事都沒發生過一樣。

　　儘管已經尋得蛙蹤，但是要離開大學池時，我們還是忍不住在池邊繞走一圈，逐一地去檢視每一根竹管，結果，除了垃圾什麼也沒有發現，整個大學池邊，無數的竹管護欄裡只有一根有艾氏樹蛙，而且在一開始就被妻子給發現，幸運之神真是對我們寵愛有加啊。

　　一樣的森林，一樣的山徑，離開大學池之後，我們愉快地往停車場的方向走，途中，回到森林生態展示中心時，陽光正好斜斜地穿越樹林，讓眼前的風景霎

雜色體的艾氏樹蛙。

時亮麗了起來，而這時，我們發現展示中心前方的花圃及綠地旁，也有許多竹管製成的圍籬，我們忍不住好奇心的驅使，於是走近去觀察，天啊！好多根積著水的竹管裡都有艾氏樹蛙的卵，而且還有不少雄蛙正在護卵，其中有一根竹管裡還有蝌蚪在游竄，真是令人歡然不已，沒有想到在即將離開溪頭之際，我們還能夠遇上更多的艾氏樹蛙，而且就在毫不起眼的竹籬中，那真是一趟既輕鬆又充滿驚喜的尋蛙之旅。

艾氏樹蛙的可愛表情。

面天與艾氏

尋訪地點	南投縣
蛙名科別	面天與艾氏（樹蛙科）
命名年代	面天樹蛙 1987年 艾氏樹蛙 1895年
保育種別	無，面天為台灣特有種

　　春夏之際，在山林野外很容易就可以聽見「畢—畢—畢」的蛙鳴，就好像有人在吹哨子似的，那應該是面天樹蛙，但也有可能是艾氏樹蛙，因為兩者的叫聲相當類似，加上體型外觀也沒有太大的差異，因此之前有一段時間被誤認為是同一種蛙類，直到民國76年，面天樹蛙才由日本學者M.Kuramoro 及台灣學者王慶讓老師正式命名發表，確認為新的蛙類，其種名idiootocus指的就是不同的產卵型態，因為面天和艾氏有著完全不同的產卵方式。

　　艾氏樹蛙早在1895年時，由德國的兩爬學者Oskar Boettger所命名，但是一開始，竟然將艾氏樹蛙歸類為赤蛙科的赤蛙屬，後來才被學界更正為為樹蛙科的蛙類，當年，艾氏樹蛙命名的標本是採自日本的琉球群島，其分佈範圍包括琉球群島及台灣。至於面天樹蛙的名稱則是因為當時採集標本的地點在陽明山的面天山區，因而得名。

　　提到產卵的方式，艾氏樹蛙則顯得十分特別，因為它是台灣唯一會在樹上產卵、雄蛙護卵、蝌蚪吃卵

面天（右）與艾氏（左）的腹部比較。

水管中的一對艾氏樹蛙，
體色完全不一樣。

以及雌蛙餵卵的蛙類，被公認是最具有愛心的一種樹蛙。繁殖期為2至8月，當兩蛙交配之後，便會到積水的樹洞或是竹筒裡產卵，接下來，雄蛙便會留在積水的洞中負責保護卵粒，等卵粒孵化成蝌蚪之後，再交由雌蛙來負責餵食，餵食的時候，雌蛙會將身體的下半部浸在水裡，然後再排卵給蝌蚪來吃，不過偶爾也會有食物不夠的情形，而這時，蝌蚪之間便會有自相殘殺的情況發生。

不管是面天還是艾氏，它們都是小型的蛙類，體長3至5公分，背部都有一個X或H型的深色斑紋，而且趾端有吸盤，加上棲息環境相同、叫聲也相似，要如何找出它們之間的差異性，遂成為辨識這兩種蛙類的主要方法，首先，艾氏樹蛙的體色多變，從淺褐色到綠色都有，而且手部的內掌突大而且明顯，這是面天樹蛙所沒有的特徵，另外，面天樹蛙的胸腹部有深色斑點，艾氏則沒有，或是斑點較淺，因此在山林裡如果遇見類似的小樹蛙，體色偏綠、內掌突大、胸腹無斑，那應該就是艾氏樹蛙沒有錯，反之則是面天樹蛙。

黑色體的面天樹蛙。

灰褐色的面天樹蛙。

竹管裡一隻艾氏雄蛙正在護卵。

　　其實，在不同的環境下，許多蛙類的體色都會跟著變化或是改變深淺，曾經拍過一隻艾氏樹蛙，在竹管裡是深褐色，跳到竹管外頭，很快地便轉換爲綠色，十分神奇；不過艾氏樹蛙的綠色並不鮮豔，跟莫氏、翡翠、諸羅、台北及橙腹的綠色全然不同，比較偏向粉綠的色澤。談到綠色，目前台灣的艾式樹蛙除了褐體褐眼之外，還有綠體褐眼、褐體綠眼、綠體綠眼三種，因此學界有傳出要將艾氏樹蛙區分成艾氏、王氏及碧眼三種的聲音，不過目前似乎還沒有定論，因此對於艾氏樹蛙，我們只能說，它實在是太善變了。

　　相較之下，面天樹蛙就顯得安份許多，因爲它的身體以黑褐色爲主，不會變成綠色，不過在陽光底下，體色會變得很淡，甚至是接近白色，因此，面天樹蛙其實也有善變的因子存在，只是輸給艾氏樹蛙罷了，不過面天樹蛙可是台灣特有種的蛙類之一，就以分佈區域來說，其重要性可不輸給艾氏樹蛙呢。

　　春夏之際，在山林野外很容易就可以聽見「畢—畢—畢」的蛙鳴，就好像有人在吹哨子似的，那應該是面天樹蛙，但也有可能是艾氏樹蛙，然而不管是面天還是艾氏？它們都是十分迷人而且具有特色的小型樹蛙。

溪邊沉思中的褐樹蛙。

溪床上的褐樹蛙

尋訪地點	南投縣埔里鎮
蛙名科別	褐樹蛙（樹蛙科）
命名年代	1909年
保育種別	無，台灣特有種

　　在我住的小鎮，四周山巒環繞，因此水澗野溪自然不少，所以只要願意，鎮上的民眾輕易地就可以親山近水，享受好山好水帶給人們的愉悅與清涼。因此到了假日，當孩子們從住宿學校回來，如果我們沒有出外旅行，通常就會找一處清幽的溪谷去野餐戲水。

　　最近，我們又前往鎮郊的某處山溪野餐，那是位於小鎮東南方的一處谷澗，平時少有人跡，因此我們輕易地便獨佔了屬於溪谷的自然與寧靜，清澈的水流在溪岩間嘩然潺流著，沒有深潭、沒有激瀑，只有清清淺淺的溪水誘著人們蠢動的心情，於是想要戲水的念頭遂如同輕拂的山風一樣，不斷地翻湧。

　　因此我們走入溪床、脫去鞋子，迫不及待地赤足涉入水中，霎時！一股沁涼的舒服遂從腳底昇起，在依舊酷熱的暮夏裡，那是一種絕對的享受吧。於是搬來較大塊的頁岩為椅，我們將雙腳泡進流動的溪水中，盡情去享受水流的溫柔與舒涼；而這時，兒子又開始他開渠築壩的偉大工程，每次造訪溪流，他總喜歡在溪床上堆石擋水或是挖溝引水，彷彿自己是一位傑出的工程師一樣，正在進行一項了不起的水利工程，於是在一旁看著他努力的身影，我們也依稀感染了他的驕傲與成就呢。

褐樹蛙的小蛙。

　　突然！就在兒子搬動一塊扁石的同時，一隻灰白色的蛙兒乍然跳出，於是引起了我的注意，走進一瞧，原來是一隻美麗的褐樹蛙，正有點不知所措地吸附在濕滑的石頭上，看來它還沒搞清楚是怎麼一回事？為何藏身的石頭會突然不見？因而顯得一臉茫然。

　　在野溪戲水的過程中，我們經常會與褐樹蛙相遇，因此發現那隻灰白色的褐樹蛙，我的心底並沒有太多的驚喜，不過，灰白的體色之前並沒有遇過，所以還是讓我忍不住多拍了幾張相片，這也算是一種意外的收穫吧。其實，第一次遇上褐樹蛙，那是很多年前的某個春天夜晚，我們一票人前往郊區的瀑布賞螢，在漆黑的溪谷中、在浪漫的螢光裡，突然有人驚叫，原來是一隻碩大的青蛙從腳邊躍起，「是蟾蜍吧！」同行的朋友猜測著，但是在手電筒的探照下，

那隻愣然的大蛙原形畢露，當時，我正對蛙類深感興趣而開始進行學習辨識，因此我知道那不是蟾蜍，因為它沒有眼後腺，但是我不敢肯定它是什麼蛙，因此只好將它抓起來帶回去研究。

查閱相關的資料之後，我才知道那是一隻褐樹蛙，又有「壯溪蛙」之稱，是台灣樹蛙中體型最為壯碩的，加上喜歡生活在溪邊，才因而得名吧。褐樹蛙是台灣的特有種，於西元1909年由英國博物學家G．A．Boulenger命名，當時命名的標本就採自台灣呢。由於分佈廣泛，平常會棲息在樹上或是躲在石縫中，等到繁殖期一到才遷移到溪邊來。其體色以褐色為主，但會因棲地環境而有所不同，因此也有黃褐、灰白及黑褐等顏色，差異性頗大，因此每回在溪床上遇上褐樹蛙，對我而言都是一種小考驗，考驗著我對蛙類的認知，有時還覺得挺難的呢。

在我住的小鎮周遭，許多野溪水澗除了帶給鎮民愉快與清涼的美好經驗之外，也經常會給人們若干的驚喜和收獲，對我而言，與褐樹蛙的相遇便是屬於這樣的際遇。

爬在樹上的褐樹蛙

激流旁的褐樹蛙。

躲在水芙蓉裏的黑眶蟾蜍。

庭院裡的蟾蜍

尋訪地點	南投縣埔里鎮
蛙名科別	黑眶蟾蜍（蟾蜍科）
命名年代	1799年
保育種別	無

　　那是兩隻黑眶蟾蜍，在很小隻的時候就已經在我家的庭院裡出沒了，因此，常常惹得我家的小狗一陣騷動，特別是在夜晚，只要聽見庭院傳來「沙—沙—沙」狗爪抓地的聲音，就知道狗狗又在撥弄蟾蜍，將蟾蜍當作玩具一般在戲耍，一開始，狗兒也會將蟾蜍咬住，甚至是咬進口中，但是卻從來就沒有吞進肚子裡過，是不好吃？還是蟾蜍的毒液使然？我們並不清楚，只知道次數多了之後，狗兒似乎也玩膩了，對於蟾蜍不再感到興趣，只會靜靜地望著，而這時，蟾蜍顯得有恃無恐，於是明目張膽地在庭院裡四處遊盪起來。

　　下班之後回到家裡，經常可以發現牆角有蟾蜍趴伏著，但是更多的時候是不見蹤影的，花盆底下、石頭縫裡或是水池邊，都有可能是它們的藏身之處，反正對人無害，因此對於那兩隻蟾蜍，我通常是視而不見，它們喜歡就來，住不習慣就離開，我是完全無所謂的。

剛脫完皮的黑眶蟾蜍，
黑框線變白線。

剛從水缸裏爬出來的黑眶蟾蜍。

趴在地上的黑眶，顯得不怕人。

　　初秋，清晨已經有些涼意，但是卻也因為無雨，因此每天晨昏我都必須幫庭院裡的花草盆栽澆澆水，不然植物很容易就會枯萎，甚至是死去。庭院的角落有一陶盆，那是去年種植睡蓮的容器，經過一季的美麗綻放之後，睡蓮竟然也腐敗成為爛泥的一部份，看著陶盆裡沒有任何生機，心情竟然有些悽然，於是我從水池裡撈出一些水芙蓉，讓它在陶盆裡長成另一片綠意盎然。

　　一個陽光清麗的上午，我依例在庭院裡澆水，無意間瞥見陶盆裡的水芙蓉有不尋常的動靜，於是引起我的好奇，蹲下身子來，並且小心地撥開其中一片水芙蓉的葉片，原來！是一隻黑眶蟾蜍躲在裡頭，因為澆水而驚擾到它，讓它挪動身軀，使得水芙蓉也跟著晃動；因為葉片被掀開，那隻黑眶蟾蜍眼見自己的形蹤已經曝光，索性跳出陶盆，準備轉移陣地，不料！蹲在一旁的小狗見狀，立即將蟾蜍咬住，然後帶到一旁的角落放下，那突如其來的動作讓我有些愣然，彷彿我是壞人一樣，正準備要加害蟾蜍，而狗兒則扮演正義的使者，即時將蟾蜍給救出。

　　有一段時間沒碰面，那隻蟾蜍顯然長大許多，蟾蜍特有的憨拙與無辜的表情，已經完全顯露出來，而且腳趾前端如指甲彩繪般的黑色也清楚可見，雖然體型還不夠壯碩，但也頗有嚇阻的架勢，教人們不敢隨意地侵犯。澆完水，那隻蟾蜍已經不知去向，顯然又躲到某個隱密的角落去，至於我家的小狗則不斷地向我搖尾示好，彷彿剛剛什麼事情都沒發生過一樣。

黑眶蟾蜍躲在植物間。

一隻奇怪的昆蟲？原來是兩隻抱在一起啦

夜訪三崁店

尋訪地點	台南縣永康市
蛙名科別	諸羅樹蛙（樹蛙科）
命名年代	1995年
保育種別	保育類，台灣特有種

　　2009年5月的時候，在網路上得悉「蛙蛙世界數位學院」即將舉辦一場一般民眾的蛙類數位課程，只要利用閒暇的時間，在自家的電腦前就可以上課，輕鬆沒有壓力，而且在數位課程結束之後，還會有實地的戶外觀察課程，分別有台北、新竹、台南及花蓮四場，由於平常喜歡蛙，而且也有在進行一些蛙類的觀察及記錄，因此我遂上網去報名參加，經過一週的數位課程之後，6月6日星期六的戶外夜間觀察終於要登場，我選擇的地點是在台南，因為賞蛙的地點在永康市的舊糖廠，那裡正是諸羅樹蛙的棲息地之一，由於南投沒有諸羅樹蛙，所以我對於夜間的賞蛙活動充滿期待呢。

　　6月6日其實是要上班的，補端午節的彈性調假，但是為了要去台南賞蛙，我特地請了半天的假，就為了要去看看諸羅樹蛙，一些朋友知悉我的舉動，都覺得我有點瘋狂，想想也對，一個中年男子，一個業餘的蛙類愛好者，就只是為了要看一隻蛙，不辭辛苦地專程從南投開車到台南，這樣的行為應該是屬於青衫年少才會有的衝動吧！哈哈哈，顯然，我還是有一些年輕的癡狂存在。

　　在2007年的6月底，民間團體在進行三崁店糖廠（即永康舊糖廠）內的日據神社及老樹的調查時，意外地發現當地的次生林中，出現大量的諸羅樹蛙的身影，那是台灣自從發現諸羅樹蛙之後，在曾文溪以南的首次發現，令人相當的驚喜。諸羅樹蛙是台灣蛙類中最後一個被發現的本土種

志工在對參與的學員進行解說。

高腳蛛在獵食昆蟲。

發現一隻白頭翁在睡覺，吵醒它真是不好意思。

類，於西元1995年由台師大呂光洋教授所發現命名，並且以最早發現它們的嘉義古地名「諸羅」來稱呼之，為台灣特有種的蛙類，主要出現在雲林、嘉義及台南等地的次生林中，目前，已經荒廢的三崁店糖廠宿舍區，由於面積大、林相複雜加上隱密性夠，因而成為單一面積最大的諸羅樹蛙的棲息地。

　　6月6日傍晚，參與「蛙蛙世界數位學院」戶外課程的學員們在三崁店舊糖廠門口集合，然後由荒野保護協會台南分會的志工群帶領，分成兩組進入進行觀察，大家都拿著手電筒，跟著解說志工亦步亦趨，在環境非常雜亂的樹林中仔細地搜尋。雖然在活動的前一天，當地下了些雨，但是似乎還不夠，因為樹林裡並沒有積水成窪，因此在那樣的環境下顯然不利於樹蛙進行交配，所以經過仔細的搜尋仍然毫無所獲，教人有些氣餒啊！

　　雖然沒有找到諸羅樹蛙，不過大家倒是發現許多小昆蟲及蜘蛛，在漆黑的森林中進行著某種安靜卻又殘忍的生存的遊戲。由於一直沒有找到諸羅樹蛙的身影，而且連聲音都沒聽到，所以荒野保護協會的志工們不想讓大家空手而回，於是遂以沿途所見的各種動植物來作為解說的對象，但是大家顯然心不在焉，不斷地有人脫隊，看來，諸羅樹蛙才是大家唯一的目標，因此我們又繼續前往其他的樹林裡搜尋。

　　初夏的南台灣是悶熱的，加上為了避免

蚊蟲叮咬，大夥都穿著長衣長褲，還穿著雨鞋、戴著帽子，因此在尋找蛙蹤的過程中，大家無不汗流浹背、一臉著急，所幸夜色掩住了我們狼狽的表情。小小的諸羅樹蛙，真是讓大家吃苦受罪了，而且隨著時間的逐漸消逝，大家的無奈與疲憊也就日趨明顯，有人乾脆不找了，就蹲在路旁或站在樹下等待，等待活動結束可以趕快離開，突然！就在大家幾乎要放棄的時候，從樹林的深處竟然傳來一聲諸羅樹蛙微弱的叫聲，讓大家的精神為之一振，大夥隨著解說志工的腳步慢慢地挪移，朝著發出蛙聲的地點前進，但是隨著人群的圍聚，蛙鳴又消失了，大家只好屏息以待，等待蛙鳴的再次響起。

在漆黑的樹林裡，為了要尋找諸羅樹蛙的蹤跡，等待似乎是不錯的一種方法，等待蛙鳴再起，我們便逐漸地縮小搜尋的範圍，終於，在一片次生林中的野桐樹上，解說志工高興地表示，他已經找到了諸羅樹蛙，但是蛙兒卻趴在高高的樹上，只是透過手電筒有限的光束，很多人根本就看不清楚蛙兒的模樣，也包括我在內，就算酸著脖子、張大眼睛也一樣，不過看見大家心滿意足地交換著心得，沒有看見蛙的人也不好意思再說些什麼。

其實，不管有沒有看見諸羅樹蛙，那聲蛙鳴，總算讓三崁店的夜間賞蛙有了一個不錯的結束；活動最終，主辦單位及荒野保護協會台南分會的志工群們，在空地上對著大家說些感謝的話，並且期許大家未來都能夠為台灣的生態盡一份心力，賞蛙的過程雖然辛苦，也有些狼狽，但是有那些志工們全程陪著大家在漆黑的樹林裡找蛙，即便是吃了些苦，也顯得無關緊要了。

三崁店台糖舊廠區的大門入口。

諸羅樹蛙側拍。

涉水訪蛙

尋訪地點	台南縣永康市
蛙名科別	諸羅樹蛙（樹蛙科）
命名年代	1995年
保育種別	保育類，台灣特有種

　　我們是在黃昏的時候抵達的，夕陽的餘暉正斜斜地射進積著水的樹林裡，空氣中還彌漫著一股腐敗的臭味，已經荒廢許久的台糖舊廠區，正以一種熱帶雨林般的蠻荒面貌迎接我們，神社、老樹、道路還有草叢都泡在水裡，交織成一種荒涼與寧靜的美麗畫面。

　　停妥車，才一打開車門，諸羅樹蛙的蛙鳴便從四面八方包圍而來，聲音有點激動、有些吵雜，讓人感到十分意外，天都還沒黑，它們就迫不及待地熱切鳴唱，彷彿慢了就會錯失些什麼一樣，於是惹得我也迫不及待地換穿雨鞋，然後涉水進入樹林裡去尋蛙，由於數量頗多，因此我很容易就可以循聲找到蛙蹤，但是很可惜！它們都趴在高高的樹上，就算伸長脖子也看不清楚它們的身影，因此只好放棄，只好等待天黑時再來尋訪。

　　離開那片樹林，到附近的小吃店解決晚餐，然後在一旁的雜貨店買瓶水解解渴，接著便再度返回台糖的舊廠區；這時，積著水的樹林已經完全沒入夜色當中，儘管附近有幾盞路燈，但是卻顯得有氣無力，於是讓漆黑的樹林透出一種神秘與不安的氛圍，彷彿在樹林的深處或是較深的水澤裡，隨時會有巨蟒或怪物竄出，因而讓夜間的訪蛙有著一股緊張的情緒存在，所幸！那些吵雜的諸羅樹蛙依舊在林子裡叫著，讓內心多了些踏實，至少我要尋訪的蛙兒還在。

　　穿妥雨鞋，我再度涉水入林，在如雨林一般的漆黑荒林中，我小心翼翼地循聲前進，蛙兒機靈得很，只要人一靠近，它

台糖舊廠區裏的神社被積水包圍著。

積著水的廠區有一種熱帶雨林般的況味。

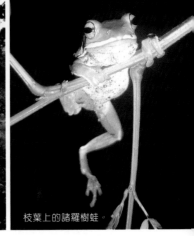
枝葉上的諸羅樹蛙。

們便不再鳴叫，因此我必須不斷地在樹下或在水中佇立不動，假裝自己是一棵枯木，然後讓蛙兒因而失去警戒而再度鳴叫，如此才能順利地找到諸羅樹蛙的位置，但是很可惜，一開始所尋訪到的幾隻蛙兒仍然停在高高的樹上，所以無法觀察及拍照，因此，我只好繼續往廠區的深處走去。

已經荒廢的台糖舊廠區裡，除了原有的若干大樹之外，更多的是恣意生長的各種雜木及草叢，因此在被人遺忘的角落裡輕易地便交錯出森林的樣貌來，顯得荒涼而且原始，甚至已經成為藏污納垢的場所，所以即便是在大白天，除非有必要，附近的居民也是不會隨便接近的。因此儘管森林裡蛙鳴正吵雜著，但是要單獨涉水摸黑進入，還是要有相當的勇氣才行。

越是深入，蛙鳴越是響亮，但是積水卻也越深，加上有爛泥會陷足，使得行動變得十分困難；突然！前方一株爬滿藤蔓的矮樹上傳來兩聲蛙鳴，那是兩隻諸羅樹蛙的叫聲，而且離我還頗近，因此讓我小心戒慎的心情也跟著興奮起來，但是擔心過大的動作或是聲響會嚇跑蛙兒，於是我以極慢的動作緩緩前進，不料！地面突然一個陷落，積水深達大腿，因而讓雨鞋整個灌滿污水，也讓下半身整個浸濕；但是眼看蛙兒

就在幾尺之隔，我當然不能半途而廢，於是只好繼續狼狽前進。

抵達那株矮樹，蛙鳴仍然持續地從枝葉間傳出來，亮出手電筒仔細地搜尋，卻始終不見諸羅樹蛙綠色的身影，有點不甘心，於是再找它一遍，但是仍然不見蹤跡，會是躲在枝葉裡頭嗎？於是我慢慢地將纏繞在矮樹上的藤蔓的莖葉撥開，果然沒錯，兩隻蛙兒正躲在枝葉裡鼓著鳴囊叫著，於是我趕緊從腰間抽出相機來準備拍照，但是眼前的枝幹與莖葉交錯著，擋住了視線，根本就沒辦法拍出理想的相片來，我又不能扯葉斷枝，因為那會嚇跑蛙兒，在苦無辦法之際，我只好先將蛙兒抓出來再說。

於是我斜著身子，慢慢地將手伸進枝葉之間，然後猛然一探，將其中一隻諸羅樹蛙給抓出來，接著從森林的深處退出，找一處比較空曠而且積水比較淺的地方，準備幫那隻蛙兒拍照。右手拿好相機，然後左手將諸羅樹蛙輕輕地擺在一株灌木的枝椏上，我很擔心它會立即跳走，因此左手一放，右手便立即按下快門，而且還連拍了好幾張，後來看它乖乖地配合，動也不動地還掛在樹上，我才比較放心地從不同的角度多拍了幾張，不料！就在我鬆懈的當下，才一眨眼，那隻諸羅樹蛙竟然不見了，真是狡猾呢，不過沒關係，反正我的目的已經達成，就算它不逃走，我也會放它回去的。

拍到了諸羅樹蛙之後，我便從積著水的台糖舊廠區退出，然後將雨鞋裡的污水倒出來，這時，褲管不但已經浸濕，而且還散發出臭味，我苦笑著，為了要拍諸羅樹蛙，我不但長途奔波，而且還得摸黑冒險，甚至是狼狽涉水，那隻被我抓來拍照的諸羅樹蛙應該不會罵我才是。

諸羅樹蛙準備要逃跑了。

泥沼裏一隻金線蛙母蛙。

陪孩子釣青蛙

尋訪地點	南投縣埔里鎮
蛙名科別	金線蛙（赤蛙科）
命名年代	1880年
保育種別	保育類

　　兒子從小學畢業了，我和妻子特地請假去參加他的畢業典禮，讓他知道我們對他的關心與重視，也同時去見證他學習過程中第一個階段的完成。當天下午，孩子不必上安親班，也不用補習，為了要給他一個特別的回憶，我特地帶他去釣青蛙，帶他去體驗屬於我童年時的田野樂趣，那是現在的孩子難得的一種經驗吧。

　　大約兩個禮拜前，我們全家前往鎮郊西邊的山區踏青，無意間，我發現一處青蛙的新樂園，那是一處山路旁的溝渠，由於邊坡的土石有小規模的崩坍，於是將溝渠的兩側阻塞，使得原本應該是水流淙淙的山溝，變成一條帶狀的水塘，加上溝岸長著各種雜草，於是形成一處隱密的生態空間。其實，發現那處溝渠是有些偶然的，因為當天我們驅車經過時，我將車窗打開，於是除了讓山風灌進令人舒服的清涼之外，也讓我意外地聽見車窗外有喧嚷的蛙鳴，於是才趕緊停車下去察看。

　　人一走近，山溝裡的青蛙便此起彼落地跳著、叫著，或跳進草叢，或潛入水中，但是仍然有為數不少的青蛙不為所動，依舊紋風不動地趴伏在岸邊或水草上，彷彿我們都看不見它一樣，真是有趣；於是在四處張望的過程中，我看見許多叫聲「給─給─給」的腹斑蛙，還有小雨蛙如魚一般的蝌蚪四處悠游，其間還有許

兒子與腹斑蛙一起合影。

水塘裏的金線蛙。

多圓滾滾的其他蝌蚪也上下來回地游動著，而更令我意外的是，在水草間竟然還有兩隻金線蛙冒出頭來，真是令人欣奮不已啊。

金線蛙是我童年時經常垂釣的青類之一，早年，在茭白筍田裡很容易就可以發現它的蹤跡，但是後來不知道是不是農藥濫用的緣故，要見它一面竟然十分困難，甚至如今還成為保育類的蛙種呢！真是曾幾何時啊！如今，金線蛙的數量雖然已經不如往昔，但是埔里的茭白筍田的面積始終高居全省之冠，因此喜歡躲在茭白筍田裡的金線蛙，仍然是埔里最有代表性的美麗蛙種之一。

因此，那處無意間發現的山溝，遂成為我們釣青蛙的理想地點。一根小竹竿、一條綿線，以及幾條從庭院的花圃裡挖出來的蚯蚓，我們父子倆便快快樂樂地出門去釣青蛙。同樣的山溝，同樣的蛙鳴不休；停妥車，我先將蚯蚓綁妥，然後讓孩子先釣，我告訴他，將綁著蚯蚓的綿線放進山溝裡，然後輕微地抖動竹竿，青蛙見狀便會跳過來張口吞食，等青蛙完全將餌吞進肚子時，便可以將竹竿拉起來。我在一旁手持網子，準備等孩子將青蛙釣起來的刹那，趕緊將網給伸過去，好接住拼命爭扎的青蛙。

第一次釣青蛙，孩子顯得十分興奮與期待，突然！青蛙吞了蚯蚓，孩子拉起了青蛙，而我也順利地接住了，所有的事情都在一轉眼間就發生，使得孩子有點不敢相信，彷彿是做夢一樣，但是當他睜大眼睛看著網中活蹦亂跳的青蛙時，高興的情緒是完全寫在臉上。

草地上的金線蛙。

　　那處山溝眞的是青蛙的新樂園，數量與種類皆多，因此沒有一會兒工夫，我們便釣了六隻，五隻是腹斑蛙，另外一隻則是目前已經不太容易發現的金線蛙，眞是高興啊。陪孩子去釣青蛙當然不是爲了吃，最主要是要讓孩子去體驗一份難得的田野樂趣，除此之外，我也希望能夠幫它們攝影留念，因此釣了六隻之後，我和孩子便馬上前往附近的學校，準備要幫那幾隻青蛙照相。

　　在學校寬廣的草地上，一開始，青蛙們並不聽話，拼命地在草地上跳躍竄逃，害得我和孩子必須不斷地將它們抓回來，經過幾次的折騰，青蛙們似乎知道無法逃出我們的掌握控，於是乖乖地任由我的擺

腹斑蛙挺拔的模樣。

佈，讓我盡情地拍照；於是在拍攝當中，有青蛙可愛的模樣，也有我與孩子歡然的互動。

　　拍完照，我們驅車再返回那處山溝，因為我們要將青蛙放回原地，而這時，孩子疑惑地問我：「把它們放在學校的水池裡不是一樣嗎？」我告訴孩子：「不行，它們的家人都還在山溝裡，所以我們必須要把它們放回原來的地方，懂嗎。」看著孩子點著頭，我希望他能夠完全理解，因為那是一種絕對不能隨便敷衍的以身作則，就如同我和妻子特地請假去參加他的畢業典禮一樣，用行動來讓孩子明白，明白我們對他的關愛，也明白他對自然生態應該要有的一份尊重。

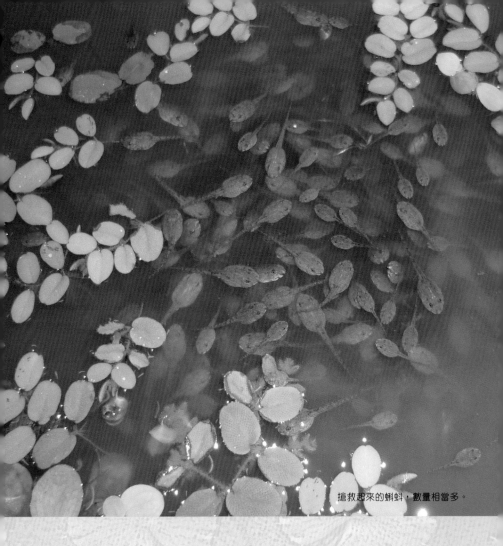

搶救起來的蝌蚪，數量相當多。

蝌蚪搶救記

尋訪地點	南投縣埔里鎮
蛙名科別	澤蛙（赤蛙科）
命名年代	1834年
保育種別	無

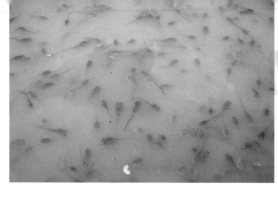

剛撈起來的蝌蚪，在泥水中喜獲重生。

　　六月底的週六假日，我應埔里生活美學協會之邀，前往埔里鎮立圖書館舉辦一場專題演講，講題是「尋找生活中的驚奇」。當天陽光清麗著，一大早，圖書館旁的室內綜合球場就已經有許多年輕學子在那裡打球，於是輕易地便吆喝出充滿活力的熱鬧來。

　　我將車子停在圖書館後方的停車場，那是一片鋪著碎石的小廣場，角落裡長著一些雜草，還有幾個因為車輪轉動而將土石掏空所形成的窟窿，這些日子，午後常有的雷陣雨讓窟窿裡蓄著水，於是形成幾個小水窪。避開那些窟窿，我將車子停妥，就在準備走往圖書館之際，我無意間發現水窪裡有一陣騷動，混濁的泥水中似乎躲著某種小動物，正不斷地蠕動著，於是好奇地走近去細瞧，天啊！小小的水窪裡竟然都是蝌蚪，數量還頗多，看那形貌應該是屬於澤蛙的小孩，但是我四處張望，圖書館周遭雖然有一些樹木及小草地，但是更多的是人工的建築及鋪著水泥的球場，根本就不是青蛙理想的棲息環境啊。

圖書館後方的停車場，因雨所形成的水窪。

看來，那不是一隻母蛙所能產下的小生命，應該是有相當多對的澤蛙在那裡交配產卵，但是它們可能不知道，那是因雨所形成的臨時水窪，在炙熱的夏天，只要兩三天沒有下雨，那窪水便會枯竭，蝌蚪當然也會跟著死亡，因此將蛙卵產在那樣的地方，其實是有些愚蠢的，在水窪旁比較淺的泥地裡已經有幾隻枯死的蝌蚪的屍體，因此這樣的情景著實教人擔心，所以演講結束之後，我遂在圖書館裡找來桶子裝些水，然後倒入那些水窪裡，暫時解除枯竭的可能。

當天下午，天氣很悶熱、雲層也很厚，但是卻意外地沒有下雨，因此夜裡我又前往圖書館，想去關心那些小蝌蚪。圖書館晚上沒有開門，因此周遭是一片漆黑，只有一旁的的室內球場還亮著，一群年輕人還在那裡打球，他們的活力顯然是沒有日夜之分呀。將車子轉進停車場裡，天啊！那幾個蓄著水的窟窿竟然停著一部車，不知道有沒有將蝌蚪輾死，於是我趕緊下車來察看，果然有幾隻蝌蚪已經攤死在一旁的泥漿裡，看那情形，如果沒有趕快將它們撈走放生，那些小蝌蚪的生命是萬分危險的。

於是隔天上午，我便與妻子提著兩個裝著溪水的桶子，再度回到圖書館的停車場，小心翼翼地將那些蝌蚪逐一撈取，但是數量實在太多，而且稍不小心便會將泥漿一併撈起，所以在混濁的水窪中要將所有的蝌蚪都救

小女生熱心地幫忙撈蝌蚪。

出來，顯然是很困難的，因此只好能撈多少算多少了，而這時候，有兩個來圖書館借書的小女生看見我們的舉止，一時好奇走過來觀看，知道我們在救蝌蚪，竟然也跟著蹲下身子來幫忙撈，加入搶救的行列，真是單純善良得教人歡喜，但是孩子們畢竟愛玩，稍不小心就讓泥漿沾滿了漂亮的洋裝，小女生見狀無不哭喪著臉，只好讓妻子帶她們去圖書館清洗，免得回家挨罵。

將停車場的水窪裡的蝌蚪撈起之後，我先將它們帶回家，然後放在院子裡一只大水桶中，打算等孩子們從住宿學校回來之後，再帶他們一起去放生，於是有幾天的時間，我可以近距離地觀察那些蝌蚪，只見大夥兒或浮或游，不然就是上下鑽動，顯得忙碌異常，由於蝌蚪的數量相當多，所以我擔心它們會因為食物不足而自相殘殺，因此每天下班，我便繞到田間去撈些水草濕苔，不然就是倒些魚飼料在水桶中，讓它們可以暫時果腹。

三天後，孩子們回來了，看見那些數量驚人的蝌蚪，也覺得很意外，甚至覺得很有趣，於是我們找一天的傍晚，將那桶蝌蚪帶至附近田野旁的一處沼澤裡傾倒，希望那些小生命可以在那裡平安地長大，同時也結束與蝌蚪一場意外的邂逅，那也算是一種生活中的驚奇吧。

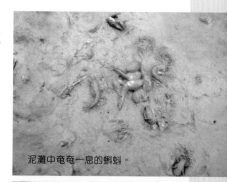

泥灘中奄奄一息的蝌蚪。

草地裏的澤蛙

牛蛙的臉部特寫。

青蛙湖釣牛蛙

尋訪地點	南投縣魚池鄉
蛙名科別	牛蛙（赤蛙科）
命名年代	1802年
保育種別	無，外來種

大雁村位於魚池鄉與埔里鎮的交界處，走台21號公路前往日月潭，在經過暨南大學和桃米生態村之後，穿過大雁隧道便可抵達，當地的澀水社區在民國88年九二一集集大地震後，由於展現出相當亮眼的重建成果來，因此成為台灣知名的社區典範之一，於是吸引了不少的訪客前往參觀，因此社區內慢慢地出現許多的民宿及餐館，儼然也成為一處新興的觀光據點。

二隻正在嬉玩的牛蛙

青蛙湖並不是真的湖，而是一處提供遊客露營、烤肉及釣青蛙的地方，比較類似小型的休閒農場，而它的地點剛好就位於大雁村的澀水及仙楂腳兩個社區之間；業者在一處凹谷裡搭設幾個簡單的棚架，種著一些果樹，還挖了兩個長方形的淺塘飼養牛蛙，雖然顯得有些簡陋，但卻也野趣盎然。

青蛙湖裡的那兩處淺塘，養著許多的水芙蓉，葉片碩大，而裡頭則飼養著從國外引進的牛蛙，由於活動力強、繁殖容易，因此為了避免蛙兒逃走，業者在淺塘的四周用鐵皮圈圍著，於是形成兩處類似水槽狀的空間來，而那些牛蛙不是趴伏在水芙蓉之間，就是聚集在陰涼的岸上，由於數量眾多，加上體積龐大，因此形成十分壯觀的畫面來。

兒子釣起一隻大牛蛙。

正在嬉玩鳴叫的牛蛙。

牛蛙的原始棲地是北美洲，它繁殖的季節是5至6月，一次可以產下 2萬顆左右的卵，數量相當嚇人，而且牛蛙的蝌蚪要變成青蛙需要經過一到三年的時間，當它變成成蛙之後，如果沒有意外，大約可以活到7至9年，甚至有活到16年的紀錄。由於蛙類都是大胃王，很會吃，因此牛蛙被引進台灣其實是一種生態的隱憂，因為有牛蛙存在的野地，周遭幾乎是找不到其他的蛙類，甚至連老鼠、小蛇都有可能成為牛蛙的食物。

那是一個初夏的假日午後，我們從蓮華池野餐回來，路過大雁村的時候我一時興起，將車子轉進前往青蛙湖的小路上，因為我打算帶孩子們去看看牛蛙。其實，我們經常路過當地，但是卻從來沒有停下來過，只因為釣青蛙對我們來說是很稀鬆平常的事，因此沒有辦法吸引我們，但是很多事情總是沒有絕對，總會因為一時心情的改變或是某種機緣的巧合，讓人們去做一些過去沒有嘗試過的事情。

繳了清潔費之後入園，老闆給我們每人一根綁著肉塊的釣竿，然後就讓我們自由活動，第一次近距離地目睹那麼多的牛蛙，心裡不免有些驚喜，而孩子們更

是驚呼不斷，因為他們不斷地發現有更碩大的牛蛙出現，於是我們找一處陰涼的地方開始釣蛙，釣竿才一垂下，隨著肉塊的晃動，便立即引來蛙群們的搶食，你爭我奪的，顯得戰況激烈，因此體積較小的牛蛙明顯落居下風，始終搶不到肉餌，甚至被其他的牛蛙給壓制住，弱肉強食的情況在蛙類的世界也不例外啊。

等牛蛙將肉塊整個吞進嘴巴裡，便可以將它們拉上來，由於牛蛙很有份量，因此跟之前在田野間釣青蛙的感覺很不一樣，釣竿十分沉重，讓人有點興奮，這讓我想起童年時在田野間釣到特別碩大的虎皮蛙的情況來，那種驚喜是有些類似的。

然而，可能是太容易就將牛蛙釣起來，因此慢慢地就失去釣蛙時應有的挑戰性和樂趣，於是孩子們改變玩法，利用肉餌來逗弄吸引牛蛙，讓一群一群肥碩的蛙兒跟著肉餌的擺動而持續地挪移位置，就像一群在操場上隨著老師的指揮而東奔西跑的孩子般，哈哈哈，沒想到胖胖的牛蛙，動作竟然十分敏捷，為了眼前的食物，在池子裡不斷地跳躍奔跑，那爭先恐後的情景真是令人印象深刻啊。

　　青蛙湖不是湖，那是一處提供遊客露營、烤肉及釣青蛙的地方，在那裡，我們不但近距離地目睹了牛蛙的壯碩，而且也體驗了不同於以往的釣蛙樂趣，原來！釣青蛙也可以成為一種休閒或觀光

牛蛙龐大的身軀。

停在池邊石頭上的貢德氏赤蛙。

與貢德氏赤蛙的邂逅

尋訪地點	南投縣埔里鎮
蛙名科別	貢德氏赤蛙（赤蛙科）
命名年代	1882年
保育種別	無

曾經聽過一則關於貢德氏赤蛙的故事，地點是在苗栗縣的某山區，當地有一位老婦人，每天返家一定得經過一座橋樑。有一天夜晚，她在回家的途中，突然聽見橋下傳來一聲狗吠，剛開始她不以為意，但是連續好幾天都一樣，吠聲不斷地傳出，她心裡想，一定是有小狗不小心掉落橋下，所以趕緊打電話通知消防隊前來救狗，但是消防人員在橋下折騰了老半天並沒有找到小狗，反而是抓到了一隻青蛙，原來！是叫聲如狗吠的貢德氏赤蛙在搞鬼。這則故事的情節有點讓人懷疑，不過卻充滿趣味，而且清楚地將貢德氏赤蛙的特色給點出來。

在住家後方的田地裡有一窪水塘，每年的春夏之際，水塘裡便會傳出單音如狗吠的蛙鳴，那是貢德氏赤蛙，屬於大型的一種蛙類，喜歡棲息在潮濕有水草的地方，加上生性害羞，因此要發現它的蹤跡實在不太容易；有好幾回，我走到屋後試圖想要觀察它的形貌，但是人一走近，一有任何風吹草動，貢德氏赤蛙便會嘎然停止鳴叫，或者是直接跳進水中潛躲，讓人往往只能聞其聲而無法見其影。

停在葉片上的貢德氏赤蛙。

草地上的貢德氏赤蛙

越是見不到它，我對它就越是充滿好奇，因此一直想要抓隻貢德氏赤蛙來仔細瞧瞧，那是一種很難解釋清楚的情緒與期待吧，不單單只是好奇而已，還有絕大部份的原因是基於對蛙類的一份著迷吧。

朋友阿浩家的門前有一塊空地，荒廢久了，遂成為附近居民墾荒的所在，原本的野草和亂石變成了一畦畦的菜圃，也長出深淺不一的各種鮮綠與一種教人啼笑皆非的貪婪來。春夏之際，那片經過開墾的空地在雨水的滋潤下，呈現出欣欣向榮的景象，而這時，青蛙也來湊熱鬧，在空地的各個角落此起彼落地叫著，而其中，竟然也有如狗吠的蛙聲，於是引起我的注意，因此我曾經多次拿著手電筒進入那塊空地裡尋找貢德氏赤蛙，但是始終遍尋不著，只發現菜園裡躲著數量驚人的蟾蜍與蝸牛。

幾天前的某個夜晚，在朋友小陳家喝茶，突然！我聽見窗外傳來幾聲貢德氏赤蛙的叫聲，教我驚喜不已，沒想到在市街竟然也有貢德氏赤蛙的蹤跡。原

來！在小陳家的窗外牆角，隔壁的鄰居利用廢輪胎種著一排桂花及其他植物，於是形成一條帶狀的綠蔭與自然。不是在水塘邊，也不是在空地裡，我心裡想，也許有機會可以找到貢德氏赤蛙，於是跟小陳借了一隻手電筒，我偷偷地走到屋外的牆邊，但是貢德氏赤蛙實在太敏感了，我人一走近它們便安靜下來，但是等我回到室內又開始在窗外鳴叫，叫聲中似乎帶有挑釁與嘲笑的意味，於是惹得我又出去尋蛙，這回我不想再被動等待了，拿著手電筒沿著牆腳翻撥尋覓。

突然！我發現有蛙影跳動，燈光一探，一個種著睡蓮的水盆還餘波盪漾著，我知道我找到它了！小時候在田裡抓青蛙的經驗讓我充滿信心，我知道那隻青蛙一定逃不出我的手掌心，於是將蓮葉緩緩地撥開，我將手慢慢地伸入水盆中，然後用力地攪動，接著在混亂與流動的水流當中，我將躲在角落還驚慌失措的青蛙給抓出來，然後用燈光一照，確認是貢德氏赤蛙沒錯的剎那，我的心情是難以抑制的興奮與歡然。

朋友小陳看見我徒手抓了一隻青蛙回到室內，驚訝的很，而且也終於看清楚，每天晚上在他窗外吠叫的青蛙的模樣。跟小陳要一個塑膠罐，鑽幾個洞，我將那隻貢德氏赤蛙放進去帶回家，準備隔天幫它拍照。翌日上午，我將那隻蛙拍好照，接著便野放到屋後的水塘裡，方才結束一場對貢德氏赤蛙沒禮貌的騷擾甚至是折磨吧；不過從此以後，每當我再聽見屋後傳來如狗吠般的蛙鳴時，我知道，在那裡有一隻貢德氏赤蛙是我所認識的，對我而言，那是一次有趣的邂逅吧。

趴在石頭上的貢德氏赤蛙。

三隻古氏赤蛙在水澤裏。

山路旁的大頭蛙

尋訪地點	南投縣埔里鎮
蛙名科別	古氏赤蛙（赤蛙科）
命名年代	1838年
保育種別	無

　　在小鎮西南方，那是一片丘陵地形，地勢起伏多變，因此溪流水澗密佈，形成一處理想的生態環境。畫家朋友─阿南就住在那片丘陵當中，他在自家的山林中搭建簡單的寮屋，是生活起居的場所，也是藝術創作的空間。夏天的某天夜裡，從他的住所開車離開，我刻意將車窗搖下來，讓清涼的山風可以灌進車裡，那是屬於酷夏難得的一種舒服，於是隨著山風而來的，除了舒涼之外，還有野薑花的清香以及意外的蛙鳴。

　　是的，是蛙鳴，而且還是叫聲獨特的大頭蛙。那是一處叉路口，路中有一株壯碩的樟樹，我慢慢地開車經過時，突然！車窗外面傳來「古─古─古─古─古」的聲音，在安靜的山林間顯得份外的清楚，我知道那是古氏赤蛙的叫聲，在我住的小鎮並不常見啊，於是引起我的好奇，因此特別停下車來尋找。

山路旁的溝渠長滿雜草，那是古氏赤蛙的家。

古氏赤蛙的背影。　　　　　　　　水塘邊的古氏赤蛙。

　　山路旁有一條小小的溝渠，溝渠裡長滿著各種的水生植物，於是形成一種阻礙，讓水流根本無法輕快地暢流，於是在百般糾纏與牽絆之下，溝渠形成一種類似沼澤般的形貌來，一條細細長長的水澤，而蛙鳴就從那裡傳出來。

　　古氏赤蛙是屬於中型的蛙類，身體肥胖，而且頭部在身軀所佔的比例明顯較大，因此也有「大頭蛙」之稱，形態非常有趣。在台灣的蛙類，通常都是雌蛙的體型較大，但是大頭蛙卻剛好相反，雄蛙大於雌蛙，這是比較特別的地方，另外，它的瞳孔呈現菱形的暗紅色，背中央有八字型黑色的突起，也是辨識它的主要特徵之一。

　　在長滿雜草的溝渠裡，我持續地發現許多的大頭蛙，或大或小，而且自在地趴伏在淺淺的水澤中，或

雨天趴在淺塘處的古氏赤蛙。

鳴叫求偶，或等待食物上門，如果不是它的叫聲，如果眼睛的瞳孔不是紅色，它跟澤蛙或是小隻的虎皮蛙還長得真像呢。蹲在溝渠旁，透過手電筒的光束，我逐一地去觀察那些可愛的大頭蛙，聽說古氏赤蛙的雄蛙很喜歡打架，但是那天晚上我並沒有看到那樣的畫面，雄蛙們都很認命地叫著，希望透過低沉渾厚的聲音來吸引雌蛙的青睞，顯得很有風度。

除了大頭蛙，我還在水流停滯的溝渠裡發現了不少的蛙卵，顯示當地長久以來就一直是古氏赤蛙的快樂天地，只是路過的人們不知道而已，因此那天晚上從阿南家離開，我意外地發現大頭蛙的蹤跡，內心的驚喜就像舒涼的山風一樣，讓人一路歡然。

虎皮蛙粗獷豪邁的外表

最愛，虎皮蛙

尋訪地點	南投縣埔里鎮
蛙名科別	虎皮蛙（赤蛙科）
命名年代	1834年
保育種別	無

　　小時候的住家，在市街南邊的一條巷道中，巷子的盡頭便是一大片的田廣野闊，因此每當春夏之際，田野裡便會傳來熱鬧的蛙鳴，此起彼落地傳盪著，那是屬於童年時的回憶，也是一種來自記憶底層的聲音。所以，如今再聽見那樣的蛙鳴，總會覺得份外地親切，尤其是虎皮蛙，那「港—港—港」的叫聲更是令人歡喜莫名。

　　當年，在舒涼的夏夜裡，經常會看見有人頭部戴著強力探照燈在漆黑的田野間抓蛙，他們抓的通常都是俗稱「水雞」（台語）的虎皮蛙，因為體積夠大，加上肉質鮮美，因此可以拿到市場裡販賣，在那生活普遍貧乏的年代，那可是一筆額外的收入，甚至是餐桌上給家人補充營養的佳餚呢。

　　黑夜裡，趴伏在水邊或是田埂上的虎皮蛙，在刺眼的光束的探照下，通常會愣然不知所措，於是捕蛙人便可以輕易地將虎皮蛙抓入長長的布袋中，豐收總是必然的。在那時候，其實我們也抓蛙，但不是在夜晚，因為蛙多長蛇也多，漆黑的夜晚總是充滿各種危險，因此孩童時期，我們只敢在白天到田裡去抓虎皮蛙，雖然蛇類還在，不過總是看得見、避得開。夏天，當水田裡的稻子長到腰部的高度，虎皮蛙就已經長得相當壯碩了，平時它們會蟄伏在田埂上的石縫或草叢裡，等人一走近，才會四處逃竄，然後鑽進水田裡的爛泥

虎皮蛙的背影。

中，並且在水裡形成一堆土丘，以為這樣子別人就看不見它，其實，我們只要涉水入田，就可以輕易地將泥丘中的虎皮蛙給抓出來，一點也不困難。當時，田埂上長著許多的水蜈蚣，那是一種多年生的莎草科的草本植物，因此在我們彎腰抓蛙的同時，鼻息間經常會充盈著水蜈蚣類似菖蒲的香氣，所以在長大之後，當我無意間在其他地方再次聞到水蜈蚣的香氣，我總會很自然地聯想起虎皮蛙來。

　　後來，不知道為什麼？可能是農藥的濫用吧，水田裡的虎皮蛙的數量少得可憐，再也看不到蛙兒四處逃竄的畫面，因此抓蛙不成，我們只好改成釣蛙，因為在沼澤或水塘裡仍有不少虎皮蛙的身影，不過當時，更多的反而是俗稱「青釉仔」（台語）的金線蛙，雖然金線蛙的體型也頗為壯碩，但是皮膚苦澀，要當作食物就必須先將外皮剝除，因此在市場上並不受歡迎，或許就是因為這個原因吧，讓金線蛙有一段時間成為田野間最主要的蛙類。

　　國小還沒畢業，巷子盡頭的那片田野便消失了，而且紛紛地蓋起一棟棟的透天厝來，於是許多來自田野間的童年歡樂，也就自然地跟著消失，而其中當然也包括虎皮蛙，於是有很長的一段歲月，我未曾再看

過虎皮蛙，也幾乎忘了它的存在，直到近幾年來，因為喜歡上大自然，進而開始學著觀察生態，我才慢慢地再去關注許多童年時十分熟悉的蛙類，而虎皮蛙無疑是我最喜歡的一種，但是目前在田野間，虎皮蛙的數量非常的稀少，就算夜裡偶爾聽見其鳴叫，也只是一隻、二隻，要遇見它還真是相當不容易的事呢。

　　阿文的家，座落在鎮郊東邊的田野間，曾經聽他描述，在他家附近經常有虎皮蛙出沒，因此我拜託他幫我留意一下，看看能不能活抓一隻給我拍照。暮夏的某個晚上，接到阿文的電話，在電話中，他高興地告訴我他抓到一隻虎皮蛙了，興奮的語氣讓人也跟著欣喜起來，於是我立即驅車前往他家取蛙，原來！晚餐之後他到住家旁的菜園裡澆水，就在回家的途中，在一根路燈下方遇見了那隻虎皮蛙，正一愣一愣地在燈下準備捕食蚊蟲，因此才會讓阿文輕鬆地手到擒來。

　　好久沒有看過虎皮蛙了，因此從阿文的手中接過那隻虎皮蛙時，我竟有種莫名的興奮，那種既黏滑又粗糙的觸感，是好熟悉卻又好久遠的記憶了，童年與虎皮蛙，那是多麼令人懷念的過往呀！因此，將那隻虎皮蛙帶回家裡的當晚，我高興得差點睡不著覺呢，所以隔天一大早，我便將那隻虎皮蛙帶到學校的草地上拍照，雖然它一直不合作，不願意擺出應有的英姿來，只是緊張地趴伏在地面，但是我還是想辦法逗弄它，並且試著拍下它的迷人身影，接著才還給阿文，讓那隻虎皮蛙重新回到原來的地方，讓它能夠繼續在水田裡「港─港─港」地叫著，因為，那是一種帶有美好回憶的蛙類。

趴伏在草地上的虎皮蛙。

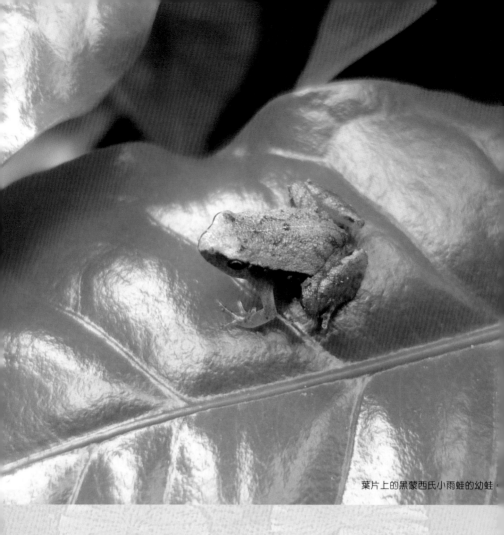

葉片上的黑蒙西氏小雨蛙的幼蛙。

意外，小雨蛙

尋訪地點	南投縣埔里鎮
蛙名科別	黑蒙西氏小雨蛙（狹口蛙科）
命名年代	1911年
保育種別	無

　　庭院裡因為有一小池，除了要養些水生植物來美化之外，也必須養些小魚，用來吃孑孓，以避免滋生蚊蟲，因此偶而到野外去郊遊，我們常會順便從田野間的溝渠或是水塘裡撈些大肚魚回來，讓水池裡熱鬧一些。

　　夏天的假日午後，我蹲在池邊賞魚，突然發現有兩三隻形態不太一樣的大肚魚在池面悠游，疑？那不是黑蒙西氏小雨蛙的蝌蚪嗎？天啊！水池裡何時來了這批意外的嬌客？會是我們錯將小雨蛙的蝌蚪當做大肚魚而撈回來嗎？也許吧！因為不仔細看，兩者還真的長得很像呢。

　　既來之則安之吧！何況那幾隻黑蒙西氏小雨蛙的蝌蚪看起來還挺適應新環境的，一副悠閒的模樣在水面漂浮著，於是就這樣將錯就錯，我們家的庭院裡意外地養起小雨蛙來；經過一段時日的生長，黑蒙西氏小雨蛙的蝌蚪終於長出後腳來了，而且很快地前腳也跟著長出來，於是蝌蚪變成了小蛙，爬上岸來，隨即不見蹤影。

　　接下來，偶而還會發現小雨蛙躲在池岸邊的隱密處，但是大多數的時間是不見蹤影的，因此有時候我常常會懷疑？那幾隻小雨蛙是否還在？是否早已經離家出走？因為小雨蛙的體積很小，

黑蒙西氏小雨蛙的蝌蚪，
長得有點像小魚。

石頭上一隻雌性的黑蒙西氏小雨蛙。

一對正在抱接親熱的黑蒙西氏小雨蛙。

葉片上的黑蒙西氏小雨蛙的

而且善於躲藏，如果不是在春夏的繁殖時期，小雨蛙是不會發出「笛一、笛一、笛一、…」低沉又響亮的叫聲，當然也就無法聽聲辨位了，所以在秋冬的時節要發現小雨蛙是非常困難的事，不過就在前幾天，我確定它們還在，而且還好好地躲在我們家的庭院裡。

那是一盆馬拉巴栗，幾年前用種籽所栽植而成的，小小的陶盆裡擠著十幾株，因此隨著莖幹的日漸粗壯，馬拉巴栗的生存空間益顯窘迫，讓人看了都覺得不舒服，於是我決定幫它們換個盆子，因而利用假日的午後，我蹲坐在池邊重新栽種那些馬拉巴栗，就在我翻鬆土石的過程中，突然！眼前有小黑影跳動，順勢一望，竟然是好久不見的黑蒙西氏小雨蛙，雖然體形還小，但是明顯長大了一些，背中線上的括弧斑也益顯清楚，看起來已不再嬌弱卑微。

原來，它們始終都在，只是我不知道而已；其實，在現實的生活中也有很多類似的情形，許多的美麗與驚喜一直都存在於生活的隱微之處，但是人們總是習慣忙碌、總是讓心操煩，於是靜不下來的心，自然也就看不見生活當中的有趣風景。

停歇在葉片上的中國樹蟾。

喜見雨怪

尋訪地點	南投縣埔里鎮
蛙名科別	中國樹蟾（樹蟾科）
命名年代	1858年
保育種別	無

　　曾經聽幾位朋友提及，在小鎮東邊山腳下的茭白筍田裡，有著爲數不少的中國樹蟾，在欲雨的午後或是大雨過後的夜晚，便會譁然一片。

　　中國樹蟾是台灣唯一樹蟾科的蛙類，常喜歡在雨後鳴叫，因此在台灣鄉間，農民們習慣將它稱爲「雨蛙」或「雨怪」，是台灣平地很常見的一種小型蛙類，叫聲非常高亢，在春夏的繁殖期，很容易在農耕地及山區聽見它們「唧—唧—唧—唧—唧」的叫聲。

　　夏天的午後，山區經常會有傾盆的雷雨，大雨過後，夜裡便是一片的舒涼。知道中國樹蟾的棲息地之後，我便經常在雨後的夏夜前往東邊的鎮郊，試圖去尋找它們的蹤跡，雖然在遼闊的田野間聽見了樹蟾的叫聲，但是傳出蛙聲的地點不是在田中央就是在雜草叢生的野地或香蕉園，加上數量不多、夜色深濃，要找到它們還眞是不容易啊！

中國樹蟾的臉部特寫。

樹枝上一隻中國樹蟾好奇地向左張望。

因此，幾次前往尋找中國樹蟾都無功而返，教人有些失望與氣餒呢，但是我始終不死心，所以，星期日晚上送孩子回鎮郊的住宿學校之後，我便與妻子再繞到東邊的山腳下去尋蛙，當天晚上大雨剛過，雨還是有一陣沒一陣地下著，中國樹蟾「唧─唧─唧─唧─唧」的叫聲間歇可聞，但是循聲而去，仍然找不到它們的身影。資料上寫著：「……..雨怪，是台灣平地很常見的小型蛙類。」其他地方是否如此我不清楚，但是在我住的山城埔里，一般人想要看見中國樹蟾可愛的身影，看來是挺困難的。

差點從樹枝上掉下來。

葉片上的中國樹蟾，長得跟綠色的樹蛙很像

　　找不到蛙，而且身子已經淋濕了，因此只好放棄準備回家。雨後的田野間蛙鳴四處喧嚷著，包括虎皮蛙、貢德氏赤蛙、澤蛙、白頷樹蛙、面天樹蛙及小雨蛙，顯示出蛙況相當的良好，因此夜晚從田野間開車經過，經常會遇上一些蛙兒跑到馬路上來，所以稍為不小心便有可能會輾到它們，因此我慢慢地開著車，透過車燈的探照去注意馬路上是否有蛙類的出沒，這是一種自然而然的習慣吧。

　　突然！在細雨中，我們發現一隻蛙兒就在車燈前一跳，惹得我趕緊

煞車，並且下車去察看，天啊！那竟然就是一隻讓我苦苦找尋多時的中國樹蟾，正不知所措地趴伏在馬路上，乍然相見，讓我驚喜得興奮莫名，尋它多回，它卻在我即將放棄的當下出現，早一點、遲一些，我們就無法相遇了，這種情形讓我想起去年的夏天，我為了要尋找夜鷹，在住家附近的溪床上多次來回，並且吃足了苦頭，結果是，我後來在學校辦公室的樓頂找到了正在孵蛋的夜鷹，讓所有的辛苦都有了代價，真是「眾裡尋他千百度，驀然回首，那人卻在燈火闌珊處。」不過沒關係，只要能夠找到中國樹蟾，之前的辛苦其實都不算什麼。

葉片上中國樹蟾安靜地趴伏著。

靜伏在山壁上的斯文豪氏赤蛙

騙人鳥

尋訪地點	南投縣魚池鄉
蛙名科別	斯文豪氏赤蛙（赤蛙科）
命名年代	1903年
保育種別	無

　　2008年，我曾經以台灣的瀑布及溪流作爲創作的對象，舉辦一場名爲「尋找清涼」的水墨創作巡迴展，當時，爲了描繪諸多溪流水瀑的美麗風貌，我花了不少時間去實地地踏訪台灣各地的溪流，那是一次有趣而且特別的經驗，而當時，在尋訪溪流水瀑的過程中，我經常會聽見從瀑布的下方或是溪谷的岩縫裡傳出「啾—啾—啾」的聲音來，一開始，我還以爲那是某種鳥類，後來才知道那是蛙，那是叫聲如鳥叫的斯文豪氏赤蛙。

　　由於斯文豪氏赤蛙的聲音如鳥叫，因此鳥界給它一個十分有趣的名字叫做「騙人鳥」，不過蛙界卻習慣戲稱它爲「鳥蛙」，其實，斯文豪氏赤蛙只分佈於中國東南部及台灣，於西元1903年時，才由英國學者George A. Boulenger於台灣屏東萬巒採集到標本而命名，其種名swinhoana 則是爲了紀念被稱爲「台灣自然史研究第一人」的前英國在台領事—斯文豪氏Robert Swinhoe而來。

第一次遇上斯文豪氏赤蛙的東光瀑布。

叫聲如鳥的斯文豪氏赤蛙，被人戲稱為騙人鳥。

趴在溪岩上的斯文豪氏赤蛙。

　　第一次看見斯文豪氏赤蛙的廬山眞面目是在南投縣魚池鄉的東光溪，2009年的秋天，我們幾個朋友前往東光溪訪瀑，溯溪而上，在激流與岩石間，「啾—啾—啾」的聲音一直陪伴著我們。途中，我們在一處陰涼的凹谷裡歇息，兩邊的崖壁靠得很近，以致水流顯得特別湍急，並且形成一處短瀑，就在水聲嘩然中，我意外地發現一塊橫出的岩石下方，正趴伏著一隻體型不小的青蛙，靜靜地望著水瀑，就像一位禪定的高僧般，完全不受周遭環境的干擾，於是借著水聲的掩護，我悄悄地欺近幫它拍了幾張相片，於是那年在魚池鄉東光溪的訪瀑，我們不但找到深山中秀麗的水瀑，而且我也同時尋得斯文豪氏赤蛙的迷人身影。

　　第二次遇見斯文豪氏赤蛙是在溪頭，2010年的初夏，與妻子到溪頭去尋找艾氏樹蛙，我們在大學池旁完成任務之後，便迎著夕暉愉悅地準備離開那處美

斯文豪氏赤蛙如吸盤般的
趾端。

躲在草叢裏的斯文豪氏赤蛙。

麗的森林。在收費站的前方是一處陡坡，順著階梯而
下，右側有一道水澗淺淺潺流，而且還不時傳出莫氏
樹蛙與白頷樹蛙的叫聲，惹得我們一再駐足，突然！
妻子指著一旁的山壁興奮地說：「那裡有一隻蛙！」
我聞聲轉首，乍然看見一隻斯文豪氏赤蛙正趴伏在野
草間，那神情跟去年在東光溪所見一樣，依舊是一臉
與世無爭的閒靜神情，完全不把來來往往的遊客放在
眼裡，眞是沉得住氣啊。

　　其實，在野外的溪谷水澗處，經常會與斯文豪氏
赤蛙相遇，但是多數的時候是只聞其聲而不見其影，
除非刻意尋找，否則並不容易瞧見它俊秀的模樣，因
此，一般人把斯文豪氏赤蛙當成小鳥，其實一點也不
奇怪，因爲那是一隻會騙人的鳥？而且也是一隻從不
爲自己身份辯解的蛙。

跳到葉片上的日本樹蛙。

溫泉鄉裡尋蛙蹤

尋訪地點	花蓮縣瑞穗鄉
蛙名科別	日本樹蛙（樹蛙科）
命名年代	1861年
保育種別	無

瑞穗溫泉的沿革說明牌。

第一次與日本樹蛙的邂逅是在花蓮的瑞穗，那是一次夏天的旅行，我們夜宿在瑞穗溫泉區裡的某間渡假村，儘管瑞穗溫泉早在西元1919年就已經開發，日人在當地設立有警察招待所，並闢建公共澡堂，是台灣唯一的碳酸鹽溫泉，也是一處具有文化與賣點的溫泉鄉，但是我們所投宿的渡假村附近，卻是田廣野闊、人煙稀少的景象，顯示出當地還有很大的發展空間。

夜晚，渡假村四周的野地裡，傳來若干的蛙鳴，其中還包括日本樹蛙吵雜而且響亮的叫聲，但是荒煙蔓草的，加上環境不熟悉，因此我並沒有冒然就去探險尋蛙，而是先到櫃台去詢問服務生，問看看附近那裡有日本樹蛙的蹤跡？結果卻換來服務生一臉的茫然，然後很肯定地告訴我：「我們這裡沒有青蛙ㄌㄟ，日本樹蛙應該在日本才有吧。」這樣的答案真是讓我哭笑不得，只好虛偽地致謝然後狼狽地退出接待大廳，以致在走回房間的途中，從漆黑的野地裡傳來的蛙鳴，聽起來顯得份外刺耳，彷彿就像在嘲笑我一樣。

吸附在房間玻璃窗上的日本樹蛙。

　　根據許多資料的記載，日本樹蛙是最懂得利用溫泉來作為棲息地的蛙類，因此可以忍耐高溫的環境，這是其他蛙類所做不到的，因此在溫泉區附近的溝渠或溪流中，很容易就可以發現其蹤跡，是屬於小型的樹蛙，體色變化頗大，但以灰褐色為主，體背粗糙，而且佈滿小顆粒，還有一個X或H型的深色斑，以及一對短棒狀的突起，那是辨識日本樹蛙的主要特徵。

　　回到房間，聽著窗外日本樹蛙近似嘲笑的聲音，實在讓人有些不爽，因此我決定出去尋蛙，於是從車上取出手電筒及雨鞋，然後到屋外去探察地形。渡假村的後方有一條漫著熱氣的小水溝，看來那應該是渡假村用來排放水流的溝渠，而且令我驚喜的是，溝渠裡正傳來熱切的蛙鳴，走近一瞧，果然有為數不少的日本樹蛙正在泡湯，大夥都一臉舒坦的模樣，就算我蹲下身子來，用手電筒探照它們，那些蛙兒們

水池邊的日本樹蛙的幼蛙。

也只是停止鳴叫而已，並沒有逃竄的打算，於是讓我可以盡情地觀察與拍照，沒想到第一次與日本樹蛙的邂逅竟是如此地順利，不必翻山越嶺，也不必摸黑涉險。

　　回到房間，愉悅的心情完全寫在臉上，於是吆喝兒子再去泡湯，父子倆就在與房間僅僅一門之隔的露天小池裡享受著溫泉帶給身體的舒服，突然！兒子喊著：「有青蛙！」順著兒子所指的方向張望，天啊！竟然是一隻日本樹蛙，而且正攀附在木質的牆板上頭，看來它也想要泡湯呢，哈哈哈，於是我將那隻蛙兒抓下來，然後放進溫泉池裡，但是日本樹蛙顯然不習慣跟人類一起泡湯，於是一溜煙又爬上牆板，甚至跳到玻璃窗及休閒傘上面，像似在刻意要展現它驚人的吸附及跳躍能力一樣，但是我跟兒子都不理它了，繼續舒服地泡湯。不過，那隻不請自來的日本樹蛙倒是讓我覺得有些莞爾，因為剛剛到屋外去尋蛙的行為，顯然是有些多餘呀。

溫泉池畔的日本樹蛙，
一臉很想泡湯的模樣。

停在山壁上的日本樹蛙。

日本樹蛙在屋後

尋訪地點	南投縣埔里鎮
蛙名科別	日本樹蛙（樹蛙科）
命名年代	1861年
保育種別	無

　　阿富的家是一間古樸的三合院，座落在一片丘陵當中，四周林樹濃密，環境清幽，加上阿富爲人親切好客，因此我經常會去找他泡茶聊天。阿富本身也是當地的生態解說員，因此我們聊天的內容，經常會有意無意地提及生態；最近我告訴他，我正在書寫台灣的青蛙，因此到處去尋找不同的蛙類，沒想到他竟然指著屋後告訴我：「我家三合院後面就有很多日本樹蛙。」這讓我感到十分意外，印象中，我一直認爲日本樹蛙應該是棲息在溪邊，特別是有溫泉的地方，沒想到阿富家的屋後就有。

　　去過許多溫泉區，包括陽明山、烏來、泰安、盧山、東埔、知本及瑞穗等地，都可以輕易地遇上日本樹蛙，因此我一直以爲，日本樹蛙的棲息地應該是有溫泉的地方，因此當阿富告訴我他家屋後有日本樹蛙時，我的心裡其實是懷疑多於驚喜的，因此特地找一天夜晚前往一探。

濕苔上一隻日本樹蛙的小蛙。

◀老房子後方的情景。
▲淺溝中日本樹蛙的蝌蚪。

　　那是一個假日的晚上，一群外地來的遊客正集合在三合院前的廣場上，阿富準備要帶他們去附近的沼澤區賞螢，我看見他正忙著，因此沒有叨擾他，打聲招呼之後我便逕自轉到屋後去尋蛙。三合院的後方是一片長滿野草與樹木的山坡，山坡與房屋之間有一條狹長如巷弄般的空間，還有一溝清清淺淺的水流，那應該是從山壁滲出的水泉所匯集而成。

　　屋後漆黑著，但是卻充斥著細碎如蟲唧般的蛙鳴，那是日本樹蛙沒錯，於是我亮開手電筒，霎時！只見群蛙亂竄，真是兵慌馬亂啊。阿富果然沒有騙我，於是我蹲下身子來，一隻日本樹蛙被我嚇得驚慌失措，因而一直往磚牆的方向逃竄，以致形成撞牆——跌落，又跳——又撞牆——又跌落的窘況，那慌慌張張的動作以及無辜的表情，真是令人覺得莞爾又於心不忍啊。

　　放慢動作，我終於找到幾隻比較安靜的日本樹蛙，願意停下來讓我拍照，那愣然的大眼睛真是可愛極了，另外，我也在溝旁的苔蘚上發現了幾隻小蛙，剛剛才從蝌蚪變成蛙兒，因此長長的尾巴還在呢，不過動作同樣敏捷，稍不留意便跳離視線，彷彿我是可怕的怪獸一般，害得大家都顯得惶惶不安。

　　屋前的院埕上熱鬧著，等著要去賞螢的民眾顯得有些興奮，吱吱喳喳地聊個不停，而屋後的日本樹蛙也跟著喧嚷不休，要不是我的突然闖入，它們應該也是興奮的。時間還早，因此我並沒有發現雌雄兩蛙抱接在一起的畫面，不過無所謂，能夠在阿富家的屋後目睹大量的日本樹蛙，對我而言，其實已經是既滿足又驚喜了。

日本樹蛙可愛的模樣。

黑色體的梭德氏赤蛙趴在溪岩上。

梭德氏赤蛙的溪流

尋訪地點	南投縣魚池鄉
蛙名科別	梭德氏赤蛙（赤蛙科）
命名年代	1909年
保育種別	無

　　阿春在山上有一塊地，他在那裡種一些蔬果、香草以及藥用植物，而且還在樹林裡搭了幾間簡單的寮屋，除了自己住，偶爾還可以讓朋友去那裡度個假，遠離俗世的紛紛擾擾。

　　寮屋旁有一條溪澗，水流非常清澈，因此是我們全家常去戲水與野餐的地點。孩子們最愛在溪裡玩水，我和妻子則習慣坐在岸上，看著溪水清清淺淺地流動，也看著孩子在粼粼的波光中綻著歡然的笑容；在安靜的山谷裡，幸福就像一旁恣意生長的野花般，自自然然而且唾手可得。

　　初秋的時候，那條溪澗會突然出現好多的青蛙，只要人一走入，便會此起彼落地四處跳竄，即便是站在岸上，也可以清楚地看見蟄伏在石頭上的青蛙，數量之多教人驚奇；那是非常有趣的梭德氏赤蛙，一種中小型的蛙類，分布在台灣中、低海拔的山區溪流附近。

一隻坐在溪岩上的梭德氏公蛙，其體色與石頭很類似。

發現很多梭德氏赤蛙的溪流

岩縫中一對抱接的梭德氏赤蛙。

　　梭德氏赤蛙可以說是台灣蛙類的高山族，因為它
們的適應能力很強，在3000公尺左右的高山還可以發
現它們的蹤跡，不過其生性隱密，平時是不容易看見
它們的，然而在9月至10月的求偶季節，它們會集體遷
移到溪流裡來親熱，這時候，便是觀察梭德氏赤蛙最
好的時機。

　　在蛙類的世界中，公青蛙的鳴叫主要是為了要吸
引母青蛙的注意，但是在溪流裡的梭德氏公蛙，其叫

另一對在溪岩上抱接的梭德氏赤蛙。

聲往往會被嘩然的水聲給淹沒，因此為了要
順利完成交配，公青蛙通常會捨棄「聲誘」
而主動出擊，到處去尋找母青蛙的蹤跡，然
而母蛙的數量實在不多，因此常常會發生公
蛙抱住公蛙的尷尬情形；而且更有趣的是，
梭德氏赤蛙有盲從的壞習慣，只要有一隻公
蛙有所動作，周遭的其他公蛙也會莫名其妙
地跟進，於是經常會瞧見一堆公蛙抱在一起
的有趣畫面。

　　秋天了，山林不再悶熱，溪水也不再洶
湧，找個時間到阿春的山上去看蛙吧，可愛
的梭德氏赤蛙現在應該正忙碌著，在嘩然的
溪澗裡，那是屬於初秋最有趣的風景了。

一對盤古蟾蜍躲在落葉間親熱。

冬雨，山徑，蟾蜍

尋訪地點	南投縣魚池鄉
蛙名科別	盤古蟾蜍（蟾蜍科）
命名年代	1908年
保育種別	無，台灣特有種

　　初冬的山徑上漆黑而且潮濕著，因爲午後的一場大雨，讓夜晚的山林整個沉浸在白茫茫的霧嵐裡，即便是開著霧燈，車燈前的山徑依然是一片的迷濛，於是使得冬雨乍停的山徑，顯得神秘而且安靜。

　　上山去拜訪師父，師父住的精舍就座落在蜿蜒的山路盡頭，穿過漆黑、撥開迷霧，車子緩慢地爬昇著，霧嵐時聚時散，就像山下煩人的俗務一樣，不斷地糾纏。

　　終於霧散，山路上乍見許多蛙類活蹦亂跳，因爲一場冬雨，讓應該蟄伏的蛙兒們一一地現形，也因爲刺眼的燈光，讓它們紛紛地逃竄，跳得又高又遠的是梭德氏赤蛙，而跳得較低的則是拉都希氏赤蛙，至於懶得跳，甚至是在地面爬行的應該是蟾蜍。因爲山徑上蛙類亂竄，使得車行是更加的緩慢，擔心輾死蛙兒，待會就得在師父面前懺悔贖罪了。

　　抵達精舍，門前有一處小廣場，一盞昏黃的路燈在一旁虔誠地佇立著，彷彿要彎下腰來行禮一般，而昏黃的燈光

抱接中的盤古蟾蜍，雌雄的體色及大小差異頗大。

山徑上的盤古蟾蜍，在燈光的照射下靜伏不動。

另一對在溪岩上抱接的盤古蟾蜍

一隻盤古蟾蜍的幼蟾已有豐富的體色。

下，蟲蛾紛飛，鼓翅亂撞，似乎有滿腹的怨氣，於是不停地朝燈光拍打，因而引來幾隻蟾蜍在底下守候，等蟲蛾累了、癱了，仰天祈求，便會有美食掉落。

那是盤古蟾蜍，醜陋但卻憨拙，龐大卻也溫柔，想必剛剛一路上來，在途中所遭遇的蟾蜍也是它們的同族，儘管車燈急急逼近，也是一臉自在與無謂，那是自信還是無知？應該都有吧。

見著師父，談了一些生活中的瑣事，夜已深，也該離開了，來到門口停車的地方，那幾隻蟾蜍竟然還在，肚子已經吃得漲大而且垂落地面，它們仍然不願離去，那是一種執著吧。

回程，山路上依然神秘而且安靜著，沒有蛙鳴，但是蛙兒仍然四處逃竄，途中，發現一隻怪異的蛙兒正在路面橫爬，惹得我停下車來好奇探望，原來！那是一揹著公蟾蜍的母蟾蜍，兩者體型差異頗大，而且體色也完全不同，看來已經飽餐一頓，準備要進行更重要的工作，那就是傳宗接代。

將兩隻蟾蜍趕到山路旁的草叢裡，我才突然明白，夜色中的山林看似安靜，但是因為一場雨水的滋潤，讓眼前的山林洋溢著生命的歡喜，然而我卻只能看見漆黑，即便是亮著車燈，也是迷濛一片；這時，我想起剛剛師父說過的話：「沒有用心，很多事物都將視而不見。」

台北樹蛙的臉部特寫。

蓮華池的台北樹蛙

尋訪地點	南投縣魚池鄉
蛙名科別	台北樹蛙（樹蛙科）
命名年代	1978年
保育種別	保育類，台灣特有種

　　在冬天，大多數的蛙類都躲得不知去向，但是偏偏有少數的蛙兒不怕冷，選擇寒冬的季節裡活動嚷嚷，台北樹蛙便是其中的一種，因此，為了一睹台北樹蛙的可愛面貌，我等啊等，終於等到了冬天的到來，但是光冷還是不行，還要有雨，於是盼啊盼，終於下了幾場多雨，於是在濕濕冷冷的日子裡，我在森林裡探尋台北樹蛙的蹤跡。

　　根據資料的記載，台北樹蛙於民國67年才被發現，它們分布於南投縣以北，大約在1000公尺以下的山區，而南投縣魚池鄉的蓮華池則是台北樹蛙在台灣最南邊的生存地點，於是成為中南部的蛙友們觀賞台北樹蛙最方便的地點。

蓮華池的藥用植物園區，是台北樹蛙的棲息地之一

藥用植物園區的標示木牌。

吸附在葉片上的台北樹蛙。

　　台北樹蛙是台灣特有種的小型樹蛙，腹部及眼睛的虹彩為黃色，是它的主要特徵。繁殖期在每年的秋冬兩季（10月至隔年3月），時間一到，雄蛙便會從山林裡遷移到低窪有水的地方，然後在水邊的隱密處挖洞鳴叫，洞穴的上方通常會有落葉或是雜草等遮蔽物，所以要看見台北樹蛙是非常不容易的。

　　台北樹蛙的叫聲是長而低沉的，有點類似莫氏樹蛙，不過變化顯然較多，單獨鳴叫時，叫聲是低沉而單調的「呱—呱」；如果多隻形成合唱時，叫聲則會拉長成為「呱—呱—呱—呱—」，甚至尾音還會加上短促的「咯、咯、咯」，用以增加吸引力，而當雌蛙靠近時，雄蛙便會發出連續性的叫聲，顯得十分興奮；因此，光是聽聲音，就可以知道台北樹蛙在土洞裡在忙些什麼？相當有趣。

　　蓮華池的藥用植物園區是台北樹蛙的棲息地，那是一處山坡，坡地上闢有溝渠，雨季時，水流便會順著溝渠流入下方一處半月形的水塘裡，水塘中長著密密麻麻俗稱水蠟燭的香蒲，於是交錯成一處隱密的生態環境，因而成為蛙類的天堂。每年的夏

停歇在葉片上的台北樹蛙，跟莫氏樹蛙長得很像。

天，藥用植物園區旁的沼澤地便會有大量的螢火蟲出現，因而吸引許多賞螢的訪客，而人們總是習慣將車輛停在水塘邊的空地上，於是人一下車，便可以聽見腹斑蛙「給—給—給」的熱切叫聲，彷彿是在迎接人們的到訪一樣，但是寒冷的冬天，水塘裡只有台北樹蛙低沉的鳴叫，顯得十分孤寂。

　　去過幾次蓮華池的藥用植物園區，也聽了無數次台北樹蛙的叫聲，但是卻始終無法一窺其貌，實在教人氣餒，水塘裡香浦縱橫交錯，而台北樹蛙就在底層的泥洞中鳴叫著，加上一有干擾的聲響它便靜止不叫，實在是拿它一點辦法也沒有，即便是下著雨的黑夜，台北樹蛙也不願意出來見客，著實令人徒呼無奈啊。

停在樹枝上的台北樹蛙四處張望。

台北樹蛙可愛的模樣。

　　後來，我只好轉移陣地，因為聽說在蓮華池的另一處山徑裡也有台北樹蛙，所以我特地找一個下著雨的深夜前往一探，山徑旁的溝渠裡落滿著枯葉，而一旁的草地上因為積水而形成一處臨時的淺塘，看來是台北樹蛙不錯的棲息地，於是我將車子停在不遠處的空地上，然後撐著傘慢慢地走回淺塘邊；在雨中，也在完全的漆黑裡，我將自己佇立成一株樹木，然後任由冷冷的濕氣將身子包圍成微微的顫抖，接著在雨中仔細地聆聽可能的蛙鳴。

　　突然！從堆積著落葉的溝渠裡傳來熟悉的蛙鳴，儘管雨聲嘩然、儘管蛙聲微弱，但是卻清清楚楚地傳進耳中，那是台北樹蛙沒錯！於是借著雨音的掩護，我慢慢地挪移至溝渠邊，然後蹲下來等待再一次的蛙鳴，好確認樹蛙的位置，等了好久好久，那隻躲在溝渠裡的台北樹蛙終於又叫了，而且還從枯葉間鑽出頭來，讓我完全不必循聲辨位就找到它的身影。

　　我沒有打擾它，因為我想等待是否會有母蛙因為它的叫聲而靠近，但是在伸手不見五指的森林裡，雨始終不停地下著，使得濕冷漆黑的山徑因而瀰漫著霧嵐，讓氣氛是益顯迷離可怖，彷彿從漆黑的森林中隨時會竄出怪物一般，於是讓我的耐心也因而受到動搖，於是彎下腰去，我將那隻不知所措的台北樹蛙抓到淺塘裡拍照，為第一次與台北樹蛙的相遇留下美麗的證明。

長腳赤蛙的臉部特寫。

小明的菜園

尋訪地點	南投縣中寮鄉
蛙名科別	長腳赤蛙（赤蛙科）
命名年代	1898年
保育種別	無

　　小明是在網路上認識的朋友，他是一位退休的教育人員，住在南投草屯，但是每天都會驅車回到中寮老家，陪陪父母、種種蔬果，過著一種令人羨慕的田園生活。在他的部落格中，我意外地發現他拍過長腳赤蛙，而且就在他的菜園中，於是我很冒昧地留言，希望他能再幫我留意看看，如果有長腳赤蛙的身影通知一聲，我可以立即趕過去觀察拍照，因為埔里到中寮還不算太遠。

　　長腳赤蛙也是屬於少數在冬季繁殖的蛙類之一，主要分佈於台灣中北部的山區，但是數量零星，因此並不常見。到了冬天的繁殖期時，長腳赤蛙才會大量地出現在淺水域附近，由於雄蛙沒有鳴囊，所以叫聲是非常細微的「波─波─波」或是「揪─揪」，因此不太容易吸引雌蛙的注意，因此雄蛙通常會主動尋找雌蛙而進行交配，與多數蛙類是由雌蛙主動選擇對象全然不同，這是一種有趣的演化吧。

　　秋天的時候，山林間的梭德氏赤蛙便會大量地出現在溪流裡，緊接著，冬天一到便換長腳赤蛙登場，由於季節相近，加上兩者的外貌相當類似，棲息環境也大致相同，因此經常有人會將梭德誤認為是長腳，其實，兩蛙之間還是有明顯的差異，因為長腳赤蛙的鼓膜邊有一菱形斑，而背上有一八字形黑斑及小黑點，是辨識它最主要的依據。

　　2010年的初春，我終於等到小明的來電了，他告訴我，他在菜園裡又找到長腳赤蛙，而當天我剛好休假，於是二話不說就驅車前往中寮。中寮鄉位於南投縣的中

停歇在竹根上的長腳赤蛙的背部。

央，與縣內最熱鬧的南投市及草屯鎮緊鄰著，但是鄉內山多田少，加上交通不便，因此長久以來一直是屬於比較偏僻的鄉鎮，因此有人曾以「燈塔下的陰影」來形容中寮，不過卻也因為人為的開發較少，使得中寮鄉擁有十分不錯的生態環境。

　　小明的菜園在中寮鄉的廣興村，因此我從集集鎮進入，很順利地便找到阿明的老家，車子才一停妥，一位身穿工作服的中年男子從菜園裡走出來向我揮手，那是小明，一位全然陌生但卻又覺得熟識的網友，簡單地寒暄問好之後，小明指著菜園裡一只塑膠桶說：「長腳赤蛙在那裡面。」那是用來儲水以便澆灌蔬菜的水桶，我走近一瞧，裡頭果然有一隻長腳赤蛙，正安靜地趴伏在一根浮在水面的竹竿上。

　　原來，小明當天在菜園裡澆水的時候，意外地又發現長腳的蹤跡，他想起我的留言與請託，於是將長腳抓起來放進水桶裡，並且丟一截小竹竿，讓蛙兒可

長腳赤蛙一臉很不高興的神情

小明的菜園裏的水塘，擁有十分豐富的生態

以停歇，由於長腳赤蛙不是樹蛙，加上水桶夠深，所以不必擔心它會爬出來，接著便打通電話通知我。確定蛙兒還在水桶裡，確定我沒有白跑一趟，小明便隨手遞給我一枚碩大的柳丁要我嚐嚐，那是他自己栽種的有機柳丁，沒有施用化肥、沒有噴灑農藥，就跟他的菜園一樣，堅持自然。

　　吃完柳丁，小明帶我到他的菜園裡走走，順著地勢的高低起伏，我們在長滿野草的小徑上走走停停，小明為我介紹周遭的環境，也告訴我路旁他所栽種的若干花果；在菜園的下方，有幾處水塘，養著魚也躲著蛙，水源來自一旁的山溝，其中一處最大的水塘，據說是阿明的父親早年用來灌溉稻田之用，後來稻米不種了，水塘因而成為一些野生動植物快意生活的天堂，於是水塘映著雲空、映著野趣，也映著寧靜無爭的山林歲月。

　　繞走一圈，我們回到屋前的空地，水桶裡的長腳赤蛙依舊安靜地待著，彷彿知道我要幫它拍照一樣，顯得沉穩而放心，因而不必跋山涉水、不必摸黑探尋，我輕易地便拍到長腳赤蛙修長而且迷人的身影，於是在拍照的同時，我的心情是感動的，也是滿足的，那是一種來自人與人之間的信任與協助所產生的歡然吧。

在台北烏來拍到的長腳赤蛙。

註：前往中寮拍攝長腳赤蛙之後沒多久，我便北上旅行同時訪蛙，當時尋訪的對象主要是翡翠樹蛙，不過在北上旅行的途中，我卻不斷地發現腳長赤蛙的身影，從台北、新竹到苗栗，一路都有它的蹤跡，真是讓人有點啼笑皆非，原來！長腳赤蛙在北部多得讓人一點都不覺得稀罕呢。

掛在樹枝上的莫氏樹蛙，像似在吊單*

春天的聲音

尋訪地點	南投縣埔里鎮
蛙名科別	莫氏樹蛙（樹蛙科）
命名年代	1908年
保育種別	無，台灣特有種

剛剛從蝌蚪變成小蛙，還留著長長的尾巴。

　　初春，學校才剛剛開學，但是寒流卻一波一波地來攪局，讓陰霾的校園顯得十分冷清，沒有預期中的熱鬧與活潑，彷彿寒假還沒結束一般。

　　在陰冷的校園裡，我無意間聽見一陣陣低沉的蛙鳴，從行政大樓右側靠近山谷的樹林裡傳盪而來，穿過冷冽的空氣，也穿過陰暗的天光，那一陣陣的蛙鳴似乎也因為寒冷而顯得有點哆嗦，於是氣力有些不足，聲音也不夠宏亮，但是我還是聽見了，我知道，那是莫氏樹蛙，一種全身綠色的可愛蛙類；春天是它們的求偶季節，因此在野外的水塘或者森林底層，很容易就可以聽見莫氏樹蛙「國—國國國國國」的奇特叫聲。

　　循著聲音，我走入陰暗的樹林裡，沒有蜥蜴在枯葉間亂竄，也沒有山鳥在林梢鳴唱，就連一向聒噪的蟲子這時也安安靜靜，因此在這樣的氛圍中，持續傳來的蛙鳴儘管有些軟弱，但是仍然清晰可辨。

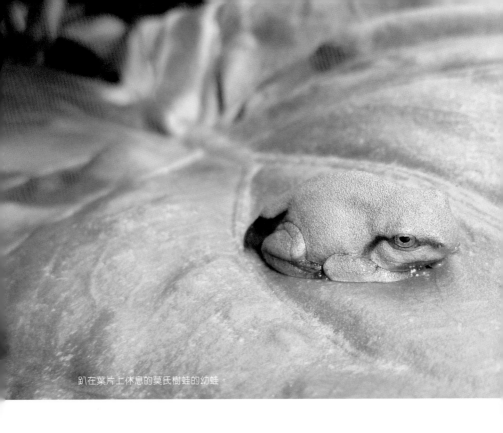

趴在葉片上休息的莫氏樹蛙的幼蛙。

　　樹林邊緣有一條溝渠，那是排放雨水用的，因此不是雨季，溝底裡沒有任何的水流，只是積著一些土石，也長著若干雜草；溝渠中有一口深邃的方形陰井，那是用來緩衝大量水流的設計，平時會聚著一些水，於是成為理想的蛙類生存的環境，蛙鳴便是從陰井裡傳出來的；我走近一看，只見兩隻綠色的莫氏樹蛙正吸攀在粗糙的井壁上，而一旁則有一團白色的泡沫，那是它們的卵泡，也就是愛的結晶，根據資料的記載，裡頭大約會有三、四百顆的卵，換言之，如果沒有發生任何意外的話，那塊白色的卵泡便可以孕育出三、四百隻的莫氏樹蛙來，真是神奇而且有趣的現象。

爬到樹枝上的莫氏樹蛙，緊緊地握著枝幹。

一隻莫氏樹蛙趴在芋葉上睡覺。

　　攀附在井壁上的莫氏樹蛙正有氣無力地叫著，不知道是剛辦完事疲憊？還是因為天氣寒冽的關係？但不管如何，在初春寒流的籠罩中，在冷清安靜的校園裡，能夠聽見莫氏樹蛙低沉的聲音，那應該是一件教人興奮的事吧！因為那是春天的聲音，那是一種宣告冬天即將遠離的聲音。

苔蘚上的翡翠樹蛙。

四崁水的翡翠樹蛙

尋訪地點	台北縣烏來鄉
蛙名科別	翡翠樹蛙（樹蛙科）
命名年代	1983年
保育種別	保育類，台灣特有種

　　出門旅行，總是期待天氣能夠晴朗，但是2010年初春的北上旅遊，我卻期待能夠下點小雨，因為這次的旅行，我同時還計畫要前往新店的四崁水尋找翡翠樹蛙，如果有點雨水，尋得蛙蹤的機會將會大增，不知道是祈求奏效？還是幸運所致？當天竟然真的下起雨來，而且是那種不妨礙出遊的毛毛細雨。

　　烏來是我們當晚要夜宿的地點，而四崁水則位於前往烏來的途中，兩地相距不遠，因為是第一次造訪，所以我順路先去四崁水探訪，以便熟悉當地的環境，午後的山村安靜著，山路旁有一些零星的住戶，而更多的則是盛開的櫻花以及非洲鳳仙，還有一畦畦種著各種蔬果的菜園。

　　根據資料的記載，四崁水當地的菜園與竹林是翡翠樹蛙出沒的地方，特別是一些裝水用來灌溉的各種容器，更是翡翠樹蛙喜歡棲息的地點，因此找一處較寬敞的山路邊停車，我換上雨鞋，接著走入潮濕甚至

夜色燈光下的翡翠樹蛙，體色鮮翠迷人。

躲在山蘇葉裏的翡翠樹蛙。

是泥濘的菜園裡，不過我並沒有發現翡翠樹蛙的蹤跡，只聽見兩隻台北樹蛙從水溝旁傳來低沉的鳴叫。

轉往一旁的竹林，裡頭有幾個廢棄而且積著水的浴缸，儘管浴缸的四周野草蔓長，但是仍然無法讓浴缸融入當地的環境中，依舊突兀而且顯得格格不入，但是我並不在乎，甚至還因為有那些不同的積水容器而高興與期望著。走入竹林一探，我意外地發現浴缸的邊緣黏著一團團白色的卵泡，而且幾乎每個浴缸都有，看來那應該是翡翠樹蛙的沒錯，因此不難想像，在不久前的某天夜晚，竹林裡應該是熱鬧的，而且充

盈著「瓜啊—瓜啊—瓜啊」翡翠樹蛙短促而且熱切的叫聲。

　　翡翠樹蛙是屬於中型的綠色樹蛙，也是台灣五種綠色樹蛙中較大型的種類，只分佈在台灣北部低海拔的山區，民國72年於翡翠水庫附近發現，因此以「翡翠」稱之。翡翠樹蛙的眼球瞳孔外側的虹膜為金黃色，另外還有明顯的金黃色眼後皮褶，那是辨識翡翠樹蛙的主要特徵。

　　發現卵泡之後，讓我對於尋找翡翠樹蛙是更有信心，於是再往前走，因為竹林深處還有幾個浴缸以及水桶，突然！我瞥見不遠處的一只水桶裡有蛙兒縱入所激起的波湧，會是翡翠樹蛙嗎？很有可能，於是我趕忙走向前去，然後難掩興奮地蹲在水桶邊等待，好期待等會兒從水裡冒出來的，會是一隻全身翠綠的翡翠樹蛙，但是結果還是讓我失望了，因為最終浮出水面來呼吸的，竟是一隻黃褐色的長腳赤蛙。

　　午後的四崁水，我沒有找到翡翠樹蛙，因此只好夜裡再訪了。於是我們接著前往更深山的內洞森林遊樂區，去享受一趟清新又舒涼的森林浴，直到夜色降臨才前往烏來老街用餐。晚餐之後，我們沒有直接前往飯店辦理住房登記，而是迫不及待地再度前往四崁水。

　　夜晚的四崁水儘管漆黑著，但是卻熱鬧異常，各種蛙鳴在山

翡翠樹蛙的卵泡。

烏來四崁水的菜園，是翡翠樹蛙出沒的地方

停歇在葉片上的翡翠樹蛙，體色與葉片融為一體。

林間此起彼落地傳盪著，包括蟾蜍、拉都希氏赤蛙、古氏赤蛙及台北樹蛙，當然也有我渴望要尋找的翡翠樹蛙的叫聲；將車子停在下午停車的地方，再次換妥雨鞋，打開手電筒，我便急著走入有浴缸的竹林裡，但是卻又擔心過大的動作會讓嚇跑蛙兒，所以心情雖然興奮著，然而我卻必須屏息躡足，讓自己就像個小偷一般慢慢地潛入。抵達第一只浴缸，卵泡還在，但是卻沒有任何蛙兒的蹤跡，只好再往第二只浴缸移動，手電筒的光束往前探照，霎時！我看見一隻綠色的蛙兒就停在浴缸的邊緣上，靜靜地望著竹林的深處，一時之間，我的心情是既緊張又高興，於是我慢慢地欺近，確定是翡翠樹蛙沒錯，也同時拍到它迷人的身影之後，心情才整個放鬆下來。

接著，我又尋聲探訪，在附近的一株植物上拍到第二隻翡翠樹蛙，順利得令人意外，儘管竹林的深處還有其他翡翠樹蛙的叫聲，但是我並沒有繼續深入，因為能夠在細雨不斷、陌生黑暗的山林野地裡，如願地拍到翡翠樹蛙，我已經非常滿足了，於是檢視相機裡的圖檔沒有問題之後，我便滿心歡喜地從竹林裡退出，然後帶著一臉燦爛的笑容回到車上，得意地與妻小們分享我的尋蛙成果。

芋葉上的莫氏樹蛙。

窗外的蛙鳴

尋訪地點	南投縣埔里鎮
蛙名科別	莫氏樹蛙（樹蛙科）
命名年代	1908年
保育種別	無，台灣特有種

　　二月初春，學校開學了，讓寒假期間顯得有些冷清的校園霎時又恢復了熱鬧的景況。只要是下課時間，與教室緊鄰的辦公室前的走廊便會傳來學生喧嚷的聲音，或高音交談、或譁然大笑，彷彿是要把一整個寒假都沒有說的話補回來一樣，於是吵雜得令人有些受不了。

　　而在這個時候，辦公室後方的溝渠裡，竟然也傳來一陣陣的蛙鳴，似乎是感受到了校園熱鬧的氣氛，於是跟著鼓譟起來。那是莫氏樹蛙，一種全身翠綠的可愛蛙類，寒假期間到學校值班時，我就已經聽見它們「國—國國國國國」低沉而特殊的聲音，沒想到事隔多日，它們還在那裡，而且認真執著地傳盪著屬於春天的聲音。

　　窗外是一片密植著樹木的小草地，有肖楠、流蘇、茶花、油桐、咖啡樹以及銀杏，因此隨著季節的遞換，窗外便會輪流上演著不同的景色，於是在張望

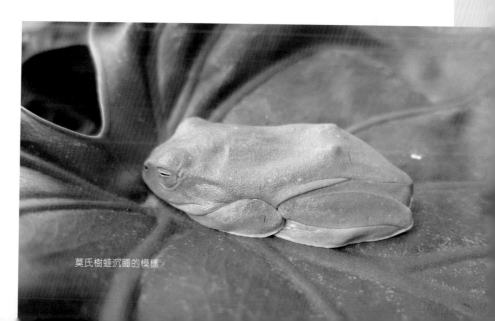

莫氏樹蛙沉睡的模樣。

當中，情緒遂也跟著愉悅起來；隔著玻璃窗，我輕鬆地閱讀著自然的風貌，還有自己美麗的心情。

　　草地靠近建築物的地方是一條溝渠，溝渠每隔一段距離便有一處陰井，除非很久很久沒有下雨，要不然陰井裡總會蓄著些水，於是成為蛙類棲息的理想地點，持續鼓譟的莫氏樹蛙就躲在那裡，除非刻意尋找，否則學校的師生要發現它還真不容易呢。

　　午休的時間，我特地繞到窗外的水溝邊去尋找莫氏樹蛙，在安靜而且略顯陰暗的林子裡，舒涼的春風持續地吹進來，像似要吹散蛙鳴的喧擾一樣，但是卻反而讓莫氏樹蛙低沉的叫聲傳得更遠，於是遠遠地便可以聽見「國—國國國國國」的聲音隨風傳盪著，但是人一走近，蛙鳴卻立即嘎然停止，顯得十分機靈。

水桶中，兩隻莫氏樹蛙抱接踢卵泡的畫面。

莫氏樹蛙的小蛙

　　趴在陰井的上方，從格子狀的鑄鐵井蓋，我瞧見井壁上正攀附著兩隻莫氏樹蛙，顏色一深一淺，我側身從溝渠處將手伸進去將它們抓出來，一時之間，兩隻小東西似乎還沒搞清楚狀況，無辜的雙眼透露著疑惑，於是乖乖地任我擺佈。在草地上，我幫它們拍了幾張照片，當作是一種紀念，也算是一種懲罰吧，懲罰它們在窗外對我不斷地喧擾。

　　之後沒多久，辦公室後方的溝渠陰井裡，便有莫氏樹蛙黑色大型的蝌蚪出現，接著變成小蛙，然後爬到溝邊的芋葉上休息，因此有好長的一段時間，觀察莫氏樹蛙的生命演化，遂成為我上班時最有趣的一種忙裡偷閒。

剛剛從蝌蚪變成蛙，小小隻的莫氏樹蛙還留著長長的尾巴。

沾滿浮萍的黑眶蟾蜍，模樣十分逗趣。

浮萍與蟾蜍

尋訪地點	南投縣埔里鎮
蛙名科別	黑眶蟾蜍（蟾蜍科）
命名年代	1799年
保育種別	無

在市街的南邊有一條溪流，溪的兩岸分別種著一
些樹木，於是繁密的枝葉遂在岸邊鋪陳出一路的綠蔭
與清涼來；早晚時分，經常會有民眾在那裡運動或散
步，我也是其中的一位，因為在晚飯之後，我喜歡在
溪岸上漫步，看看夕陽、聽聽水聲，或是踩著落葉而
行，總覺得，那是一種難得的悠閒與放鬆。

溪的北岸，除了行道樹之外，還有一條大馬路以
及一排屋樓，於是遂有車水馬龍的景象，而南岸則是
零星的住宅、廣闊的田疇和一條沿岸的步道；因此溪
流的兩岸，一邊熱鬧、一邊安靜，彷彿溪流成了一種
屏障般，於是屬於市街的喧囂都只能在北岸咆哮著，
絲毫也無法跨越溪流，但是我們可以，因為溪流的上
方有幾座橋樑，走過橋去，我們便可以恣意地親近田
野自然。

從水中冒出來，浮萍便無端地上身。

燈光下，沾滿浮萍的蟾蜍無所遁形。

這是拉都希氏赤蛙，身上同樣沾滿浮萍。

　　初春二月，溪流南邊的田地裡，農夫們開始種植茭白筍，於是乾涸一段時間的水田裡又重新盈滿著水，映著天光雲空，也映著茭白筍苗翠綠的身影，於是慢慢地，水田裡又長滿著浮萍，讓一切都顯得綠意盎然。

　　初春的某天夜晚，在溪岸上散步，我突然聽見水田裡傳來熱鬧的蛙鳴，我知道那是黑眶蟾蜍的叫聲，走近一看，果然有不少蟾蜍正停歇在田埂邊，朝著遼闊的水田「咯咯咯咯咯咯…」地叫著，聲音顯得急促而且連續。根據資料的記載，雌蟾的數量通常較少，因此雄蟾蜍之間的競爭是十分激烈的，如果沒有認真地表現，恐怕就會找不到對象，所以在急促的叫聲中，可以聽出公蟾蜍彼此較勁的意味，相當有趣。

　　儘管那些黑眶蟾蜍叫得很激動，但是應有的警覺性還是存在著，因為人一走近，它們便會安靜下來，甚至是紛紛地跳到水裡躲藏，因而惹得我好奇地蹲在田埂邊等待，過了一會兒，蟾蜍們便緩緩地從水裡冒出來，然後慢慢地再游回岸邊來，由於水田裡長滿著浮萍，於是從水裡冒出來的蟾蜍們，身上無不沾滿著綠色的浮萍，那模樣就彷彿穿著一件綠色的花衣裳般，顯得十分逗趣，只是不知道，那樣的裝扮會不會獲得母蟾蜍的青睞，哈哈哈。

　　初春的夜晚，溪流兩岸竟然都是熱鬧的，一邊是車囂，一邊是蛙鳴，加上溪水嘩嘩作響，於是讓晚餐後的隨意散步，變得一點也不孤單。

池邊的白頷樹蛙，靜靜地望著人看。

蛙鳴在落葉間

尋訪地點	南投縣埔里鎮
蛙名科別	白頷樹蛙（樹蛙科）
命名年代	1861年
保育種別	無

學校行政大樓左側的大停車場邊，種著一排垂榕，榕樹下方則是一條一米多深的溝渠，四月的時候，就已經聽見白頜樹蛙從溝渠裡傳來如竹管敲打的聲音了，但是溝底堆著厚厚的一層落葉，因此，儘管站在岸邊，儘管白頜樹蛙「答—答—答—答—答」的聲音就在眼前此起彼落地響著，但是卻完全找不到蛙影，真是讓人有些失望啊。

在我住的小鎮—埔里，茭白筍是非常具有代表性的經濟作物，其種植面積高居全省之冠，因此在鎮郊到處可以看見廣闊的茭白筍田，那是屬於埔里特有的一種田野風光吧；在過去，茭白筍田裡輕易地就可以發現許多金線蛙及虎皮蛙的身影，因此在田裡釣青蛙是許多埔里人童年生活的一部份，而且是屬於歡樂的那種，但是後來因為環境的改變，讓水田裡的蛙類銳減許多，而且不知道從什麼時候開始？郊區的茭白筍田竟然也成為白頜樹蛙的生活領域，夜裡經過鄉間，輕易地就可以聽見白頜樹蛙「答—答—答—答—答」的聲音從茭白筍田裡傳出，而成為田野間最熱鬧的聲音之一。

一隻白頜樹蛙吸附在植物的莖幹上。

白頷樹蛙的背影，還頗有曲線之美。

　　最近，有一天晚上學校舉辦學術研討會，因此我待到活動結束之後才下班。夜裡的停車場是空空蕩蕩的，只有一旁的路燈心不甘情不願地亮著，不過，白頷樹蛙「答—答—答—答—答」的聲音卻依舊毫不疲憊地從溝渠裡傳出來，而且似乎比白天時更顯宏亮，因而惹得我忍不住好奇，從車上拿把手電筒走向溝渠，想去一探究竟。

躲著白頷樹蛙的水溝溝底，
您看見蛙蛙在那裡嗎？

從水池綠葉間冒出頭來的白頷樹蛙。

　　垂榕樹下陰暗著，蟲唧蛙鳴，顯得熱鬧非常，我踩著落葉接近，窸窣之聲清晰可聞，但是躲在溝底的白頷樹蛙似乎完全不受影響，仍然大大方方地叫著；蹲在溝岸，我亮開手電筒，仔細而且全面性地探照溝底，突然！我看見一隻蛙兒正攀附在溝壁上，隨著白色光束的挪移而轉動身軀，並露出一臉疑惑的表情來；透過光線的照射，我看清楚了，那正是一隻雄的白頷樹蛙，於是一時之間，心情有點按耐不住的興奮。

　　但是問題來了，我想幫它拍張相片，可是它停歇的位置不高不低，實在尷尬得很，動作太大又怕嚇跑它，因此將它抓起來遂成為唯一的選擇，於是我彎下腰去，以一種接近趴下的姿勢，將那隻吸附在溝壁上的白頷樹蛙給抓上來；驟然被捕，那隻蛙兒恐怕還搞不清楚狀況吧，於是在我的手中拼命地掙扎，讓我興奮的心情霎時多了些歉意，於是我只好喃喃地說著：「別怕別怕！讓我幫你拍幾張照片，我就會放你回去的。」那動作及口氣，應該就像在呵護孩子一樣吧。

睡蓮葉上的台北赤蛙。

有蛙的好地方

尋訪地點	新竹縣寶山鄉
蛙名科別	台北赤蛙（赤蛙科）
命名年代	1909年
保育種別	保育類

　　「有青蛙的地方就是好地方」，我相信每一位喜愛青蛙的朋友都會認同這一句話，但是要真正落實在生活當中，甚至是自己的土地上，那恐怕就不是一件容易的事了，不過在新竹縣寶山鄉卻有一位退休的鄉長，他與哥哥將一塊祖先留下來的土地拿來復育青蛙，他堅決地相信，沒有青蛙，那塊土地就沒有任何的價值，他是江清吉鄉長。

　　翻開台灣的交通觀光地圖，我們可以發現新竹縣的寶山鄉並沒有特別知名的觀光景點，不過當地卻擁有許多的高爾夫球場，顯見寶山鄉的環境與景色是不錯的，如此才能吸引高爾夫球場的業者前往投資，而江清吉鄉長所擁有的那塊土地，其實也曾經有財團看上眼，準備要買來蓋高爾夫球場，但是他和哥哥江能印先生卻不賣，因為他們要在那裡替青蛙準備一個家。

園區裏的生態看板與對聯。

園區裏，一面生態保育重點的看板。

滔滔不絕講述的江前鄉長（右）
與樸實的吳聲昱博士。

台北赤蛙種源培育池的看板。

江家兄弟所擁有的土地在寶山鄉的深井村，當地早年曾經是蛙類的天堂，但是後來可能是因為農藥的濫用，使得蛙類幾乎絕跡。江清吉鄉長退休之後準備卸甲歸田，但是卻意外地發現他的山林田地裡沒有任何的蛙蹤，讓他感到十分的納悶，於是除了去追查原因之外，他也試著要讓青蛙重新回到他的田地裡，於是到處尋找專家來幫忙，最終，他在祖先所留下來的土地上闢建了多處的生態池，並且成功復育了16種青蛙，其中還包括十分罕見的台北赤蛙。

台北赤蛙是小型保育類的蛙種，西元1908年，由美國學者John Van Denburgh首次在台北縣八里鄉發現，於是以台北來命名；在民間又有「啞巴蛙」、「雷公蛙」與「神蛙」等美名，之所以被稱為啞巴蛙，那是因為台北赤蛙的叫聲是單音的「嘰」一聲，十分細微，不太容易聽見，加上在

中秋節前夕，台北赤蛙都在覓食，爲嚴寒的冬天作準備，因此幾乎不再鳴叫，宛如啞巴一樣。接著在中秋節之後，台北赤蛙就開始冬眠，一直到隔年的梅雨季節，當春雷響後，台北赤蛙才會甦醒過來，故又稱雷公蛙。

　　從網路上知道江家兄弟復育青蛙的故事之後，我便一直想去拜訪他們，因爲我覺得，一個愛蛙的人一定有一些感人的故事可以挖掘，於是透過電話的聯繫，我們約在一個初夏的假日要見面；原本，江清吉鄉長打算要到國道3號的交流道等我們，但是我婉拒他的好意，總覺得讓一位長輩如此熱情地接待是失禮的事，因此我告訴他：「路是長在嘴巴上，何況您當過鄉長，有一定的知名度，我一定可以找到您的。」於是就這樣，我們在途中靠著當地居民的熱心指引，順利地抵達江清吉鄉長在寶山鄉深井村的生態園區。

　　當天，和江清吉鄉長一同接待我們的是吳聲昱先生，他是台灣知名的台北赤蛙研究者，因而有「台北赤蛙先生」及「田中博士」之稱，目前是大茅埔水草生態教學研究中心的負責人，也是新竹縣蓮花推廣協會的總幹事，向來篤信風水與生態之關連，因而創立了多項與陰陽磁場相關的生態工法。吳聲昱先生其實就是江清吉鄉長找來復育青蛙的專家，爲了我們的造訪，江鄉長特地要他前來陪同解說，因爲江清吉鄉長客氣地說：「我不是專家，我不懂，他怎麼說我就怎麼做，他才是專家。」這番褒揚的話，逗得吳聲昱先生靦腆地笑著，同時也讓我們有一種倍受禮遇的惶恐。

住著台北赤蛙的池塘。 　　　　　　　　　　　從水中冒出半個身子的台北赤蛙

　　在生態園區裡有一間棚屋，我們在那裡坐下來開聊，我除了說明來訪的目的之外，也認真地聆聽江清吉鄉長談他復育台北赤蛙的經過，他說：「有一回，我在報紙上看到一篇報導，內容是說台灣最美麗、最弱勢的台北赤蛙要消失了，那我心裡就想，最弱勢的蛙如果能夠復育成功，那麼其它的蛙類也一定能夠成功，從最難的下手，其它的就沒有問題，但是要請誰來幫忙呢？」後來幾經探聽，終於找到同樣住在新竹的吳聲昱先生，並且聘請他前來指導協助。

　　其實，在吳聲昱先生還沒介入之前，江清吉鄉長就已經聽了別人的建議，在園區裡挖了一些生態池，並且相信準備一個舒服的家，青蛙便會自動回來，然而這種方法對其他的蛙類可能還有點用，但是對台北赤蛙似乎一點效果都沒有，於是在吳聲昱先生專業的指導之下，只好在園區裡另尋一處有竹林的背風處，然後重新闢造專門復育台北赤蛙的生態池，並且為了加速復育的成果，吳聲昱先生還特地從別的地方移入30幾隻的台北赤蛙；但一開始，擔心台北赤蛙不能適

142

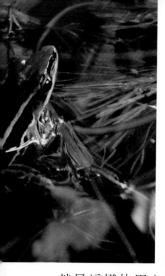

應當地的環境，也擔心遭受天敵的攻擊，於是在園區裡建造一處網室的種源保育區，讓台北赤蛙可以安全無慮地在裡頭生活與成長，過了一年之後，才將完全適應的台北赤蛙放到戶外的生態池。

　　就是這樣的用心與細心呵護，讓新竹寶山鄉的深井村也成為台北赤蛙的另一個棲息地，根據資料的記載，台北赤蛙目前僅零星分佈在台北（三芝、石門）、桃園（楊梅、龍潭）及台南官田等地，數量十分稀少，因此透過江清吉鄉長及吳聲昱先生的合作努力，讓台北赤蛙又多了一個家，這對於喜歡生態與蛙類的朋友來說，那是多麼令人歡喜的一件事啊。其實，除了台北赤蛙與其他的蛙類，在江清吉鄉長的生態園區裡還有許多珍貴的動植物，在我們閒聊的棚屋旁就有一面牌子，上面寫著：「本園區生態保育要目：『搶救台北赤蛙，復育台灣萍蓬草，保育台灣白及，復育台灣原生種魚』」。另外，在一旁的鐵皮屋外牆上，還掛著若干蛙類的圖片和生態資料，以及一幅醒目的對聯：「有青蛙的地方就是好地方，復育青蛙不分你我一起來」，令人印象深刻。

　　拜訪江清吉鄉長，在他的生態園區裡，我們不但順利地目睹了台北赤蛙的美麗身影，而且也看見他與吳聲昱先生對生態維護的投入，那是一種對蛙類的疼惜、一種對生命的尊重，更是一種對土地最真摯的關愛吧。

葉片上的史丹吉氏小雨蛙。

崁頭山尋蛙

尋訪地點	台南縣東山鄉
蛙名科別	史丹吉氏小雨蛙（狹口蛙科）
命名年代	1890年
保育種別	無

　　崁頭山位於台南縣東山鄉的東邊，海拔844公尺，地處曾文水庫集水區的周邊，因此當地大多是國有的林地，所以在人為的開墾與破壞不嚴重的情況下，崁頭山一帶還保有相當豐富的原始植被，因而營造出十分多樣性的生態環境來。

　　位於崁頭山半山腰的仙公廟，建於明末清初，已有300多年的歷史，是當地最知名的人文景點，以孚佑帝君呂洞賓為主神，因此又名孚佑宮，與台北市木柵指南宮並列為台灣南北兩大仙公廟。

　　早年，崁頭山的仙公廟是南台灣知名的賞蛙據點之一，每到春夏之際，只要下過雨，廟旁的水池便會成為蛙類聚集的地方，熱鬧非常，可惜！廟方後來將水池填平，使得群蛙聚集的盛況不再，如今只剩下仙公廟左下方蟾蜍公周邊的小池，勉強還見證著仙公廟曾經有過的熱鬧蛙況。

　　儘管仙公廟的蛙況已不如過往，但是周遭的生態並沒有太多的改變，因為崁頭山附近的山林野地仍然是各種蛙類的天堂，特別是台灣原生種的小雨蛙，只要季節對，在當地是輕易可見的，其中尤其以史丹吉

濕霧彌漫中，我們在池邊尋蛙。（竹子拍攝）

崁頭山上的仙公廟，是南部重要的賞蛙據點。

找到史丹吉氏小雨蛙的圓形水塘。

史丹吉氏小雨蛙抱錯對象了，那是黑蒙西氏小雨蛙（下方）。

這一對才是合法的愛人。

氏小雨蛙及巴氏小雨蛙最具有代表性，因為在台灣其他地方不容易發現其蹤跡。

　　向來喜歡青蛙也愛觀察青蛙，因此位於台南縣東山鄉的崁頭山，原本就是尋蛙過程中一直渴望能夠前往探訪的地點之一，2010年暮春，一群住在南部的網友相邀要到崁頭山進行夜間觀察，有當地人帶領，可以避免一些不必要的摸索和危險，因此我當然不能錯過這樣的機會，於是特地從埔里前往會合。我是在午後抵達仙公廟的，而那群網友早已經在附近的山林間尋找昆蟲了，於是透過電話的聯絡，他們立即從山裡退出來與我碰面，然後大家經過簡單的寒暄與問好之後，我們便隨即轉移陣地去尋蛙。

　　阿廖住在台南善化，它是此行的帶路嚮導，我們都戲稱他為黑幫老大，意思應該是指他在當地很有影響力吧；我們在他的帶領之下前往仙公廟附近的一條山路，山路旁分別有一條往上及往下的小岔路，阿廖告訴我們，往

上的那條小路平常沒有人走，因此路痕不太清楚，危險性也比較高，不過生態卻是非常精彩，不過該處的蛙況不佳，所以我們選擇往下的山徑，因為途中有一處灌溉用的蓄水池，裡頭住著許多的蛙。

山徑是一路傾斜往下，路旁的植物葉片上棲息著許多的昆蟲及蜘蛛，因此我們的行進速度十分緩慢。因為大家邊走邊找，不斷地翻轉若干葉片，企圖找出一些有趣或是罕見的昆蟲，而在尋蟲的當下，山徑下方不斷地傳來蛙蛙的叫聲，顯得急切而且吵雜，彷彿是對於我們的到訪感到十分興奮。沒有很遠的距離，我們在一處山徑的轉彎處遇上一口類似水井般的池子，那是用紅磚及水泥所砌成的圓形儲水池，水面上佈滿著浮萍及幾根木頭，有幾對抱接在一起的拉都希氏赤蛙正趴在浮木上，身上還沾滿著綠色的浮萍，十分逗趣。

除了拉都希氏赤蛙，池子裡還有莫氏樹蛙及黑蒙西氏小雨蛙，儘管天還沒黑，但是蛙兒們似乎都顯得迫不及待，不斷地熱切鳴叫著，可能是前一天下了一場大雨所致吧。池子旁長著一些灌木、野草及姑婆芋，若干枝葉伸進池子裡，於是成為蛙類進出池子的通道，因此，在池邊的草叢裡也同樣熱鬧著，不斷地有蛙鳴傳出。

我們趴在池邊觀察，除了那幾對抱接的拉都希氏赤蛙之外，還有幾對黑蒙西氏小雨蛙也正在親熱，突然！我們發現一隻不太一樣的黑色小蛙正對一隻黑蒙糾纏不清，但是身上沾滿著浮萍，我們無法確認它的身份，阿廖只好拿出預備的小手網將它們撈出來仔細辨識，天啊！那竟然是一隻史丹吉氏小雨蛙，前肢上臂的黃橙色澤正是它的特徵之一，而這樣的發現連阿廖都覺得意

池塘的浮木上，一隻拉都希氏赤蛙與鳴叫中的史丹吉氏小雨蛙。

外，因為在崁頭山他還沒拍過史丹吉氏小雨蛙呢，於是一群人就在山徑上卯起勁來拍照，拍得那隻蛙兒一頭霧水，愣然不知所措。

　　黃昏時，山林間突然有雲霧圍聚過來，使得天色一下子暗了許多，看來時候已經不早了，於是我們跟著阿廖回到仙公廟去用晚餐，然後在廟前的廣場上一邊喝咖啡一邊開聊，同時看著霧嵐就在我們的眼前快速地挪移著，讓我們都有一種騰雲駕霧般的快意想像；等天色整個暗下來，我們再次回

到午後尋蛙的水池邊，阿廖告訴我，去年他就是在那裡找到巴氏小雨蛙，如果幸運的話，我是有機會可以將崁頭山最有代表性的兩種小雨蛙一併收錄，真是令人期待呢。

夜色中，濃霧不散，我們的手電筒在山徑上照出一道道漠楞楞的光束來，顯得份外的迷離與神秘，而那池蛙鳴則在夜色的掩護下是益加地囂張，此起彼落地叫得震天價響，如果沒有親臨現場，實在很難想像那種震耳欲聾的聲音竟然是來自那小小的蛙兒。我們一樣趴在池邊觀察，各種蛙蛙的數量比起白天明顯增加許多，兩蛙抱接在一起的畫面更是輕易可見，而且還多了白頜樹蛙及面天樹蛙的共襄盛舉，讓那口池子是熱鬧得不得了。

可惜，我們最終並沒有找到巴氏小雨蛙，看來屬於它的季節還沒到來，不過能夠在一個池子裡同時發現那麼多種蛙類，同行的友人都覺得不虛此行，於是在夜色、濃霧與蛙鳴的陪伴下，我們心滿意足地結束在崁頭山的夜間觀察，不過我知道，很快地我將會再度造訪，因為在崁頭山附近，還有許多精彩有趣的生態值得用心造訪。

枯葉上的史丹吉氏小雨蛙。

車籠埔的蛙鳴

尋訪地點	台中縣太平鄉
蛙名科別	史丹吉氏小雨蛙（狹口蛙科）
命名年代	1890年
保育種別	無

　　四、五年級的男生在當兵的時候，應該都曾經聽過「車籠埔」與「關東橋」這兩個地方，早年有所謂「淚灑關東橋，血濺車籠埔」的說法，指的就是這兩處一向以訓練嚴格而聞名的新兵訓練中心，十分不幸，但也十分榮幸，我就曾經在車籠埔接受過為期三個月的新兵訓練，當年，在車籠埔有三道名菜，那就是恐怖的「血濺西河堤」、「淚灑好漢坡」及「魂歸多瓜山」，西河堤在營區的後方，而好漢坡與多瓜山則在營區對面的山林裡。當部隊出操的時候，如果教育班長將我們帶離營區，然後往這三個方向前進，我們的心裡便明白，那將會是十分災難的一天。

　　在前往好漢坡及多瓜山的途中有一處靶場，那是我們實彈射擊的地方，當時，附近並沒有任何住家，因而呈現出寬闊與荒涼的景致來。靶場的盡頭有一處彈藥庫，新兵訓練快結束的時候，我與部份弟兄曾經被派往該處站衛兵，第一次在黑夜中眞槍實彈地進行戍守，心情是既不安又興奮，於是外頭的任何風吹草動，都會讓我們緊張不已。

躲在草根處鳴叫的史丹吉氏小雨蛙

2008年，在車籠埔的舊靶場周遭，有人發現大量的史丹吉氏小雨蛙現身，根據文獻資料的記載，史丹吉氏小雨蛙過去只出現在雲林以南的地區，中北部並沒有任何發現的記錄，因此在台中縣太平市車籠埔找到史丹吉氏小雨蛙，無疑是一項重大的發現，而發現者是住在靶場旁邊的林文隆老師，他是台中縣野鳥救傷保育學會的研究組長，目前在台北師範大學攻讀博士。2008年的夏天，在某個下過雨的深夜，林文隆老師於住家的陽台上觀看夜空，而這時，他聽見屋外有著十分吵雜而且類似蟋蟀的叫聲，於是引起他的好奇而出門察探，因而在靶場及附近的荔枝園裡發現大量的史丹吉氏小雨蛙。

　　第一次在濁水溪以北發現史丹吉氏小雨蛙的蹤跡，不但引起台灣蛙界的重視，當然也引起媒體的關注而加以報導，當時，我對於蛙類還沒有高度的興趣，因此雖然知道有這麼一回事，但是我並沒有想要前往一探的念頭，然而今年（2010年）不一樣了，因為我目前正在進行台灣蛙類的記錄及書寫，所以車籠埔的史丹吉氏小雨蛙遂成為我必定要拜訪的對象之一。

　　每年的五、六月間，是史丹吉氏小雨蛙的交配期，從產卵、孵化到成為蝌蚪及幼蛙，往往在48小時之內就可以完成，速度之快令人十分訝異。通常，在大雨過後的傍晚，公蛙會先出現，然後透過鳴囊來發出類似蟋蟀的叫聲，用以吸引母蛙的注意，進而進行抱接交配，接著便會一起到有積水的地方產卵，每次大約可以產卵兩百顆左右。

　暮春四月，我特地抽空前往車籠埔去瞭解周遭的環境，雖然曾經在那裡當過兵，然而事過境遷，當地恐怕已經不是記憶中的模樣了，因此前往車籠埔，除了尋找史丹吉氏小雨蛙，難免還會有一些故地重遊的感懷吧。那是個假日的午後，我從埔里驅車前往車籠埔，發現當年吃苦受罪的營區還在，然而營區對面的山坡卻多了許多的住宅，讓我感到有些陌生，以致一時之間找不到前往靶場的路，幾經轉折才抵達。

　靶場周遭的景致已經有很大的改變，首先是房子增多了，不再是當年的寬闊與荒涼，而且靶場本身顯然也已荒廢，四周以鐵絲網圈圍著，只留一道出入口，讓附近的民眾可以進入散步或是運動，而靶場旁邊還有一株壯碩的老樹，樹下有一小祠，當我抵達時，有一群老人家正坐在樹下閒聊，於是我走過去向他們探詢關於史丹吉氏小雨蛙的蹤跡，沒想到他們竟然很認真地告訴我：「台中大坑那邊比較多啦，我們這裡沒有青蛙。」

　一時之間我不禁感到莞爾，根據資料的記載，那些老人家身旁的靶場草地裡，應該就是史丹吉氏小雨蛙所棲息的地點，但是他們竟然都不知道，是小雨蛙不容易發現？還是叫聲如蟋蟀所致？恐怕都有吧。

　屬於史丹吉氏小雨蛙的季節還沒到來，因此我沒有逗留許久，在靶場附近邊走一圈，熟悉了當地的地

形環境之後便離開；接下來就只剩下等待了，等待五月的到來，也等待一場大雨。其實，在四月底，台灣中部就不斷地有大雨降臨，我心裡想，史丹吉氏小雨蛙應該已經出現了吧，因為在台灣南部，蛙友們早已經發現其身影，不過我還是耐住性子，一直等到五月初的一場大雨之後，才在夜色當中再度前往車籠埔尋蛙。

雨後的靶場濕涼著，一旁的老樹及小祠處仍有燈光及喧嚷，我換妥雨鞋，逕自從一旁走入，當我登上早年射擊區的土堤時，眼前積著水的草地裡斷斷續續傳來各種蛙鳴及蟲叫，其中是否有史丹吉氏小雨蛙，我不太敢確定，因為隔著一段距離，加上有其他聲響的干擾，就算有，數量顯然也還不多，因此涉入草澤尋找便成為我唯一的選擇。

擔心過大的動作會驚擾到蛙族，因此我必須像小偷般躡手躡腳地前進，然後藉著手電筒的燈光，在積著水的草地裡緩緩地移動腳步，然而儘管如此，當我一走近，所有的聲音依舊會嘎然停止，逼得我必須不斷地屏息不動，假裝自己是一根草或是樹木，以等

▲叫聲如蟲唧的史丹吉氏小雨蛙。

◀車籠埔靶場旁的老樹與小祠，是附近民眾運動聊天的地點。

待蛙鳴的再起。經過一番的折騰，我總算聽見幾聲史丹吉氏小雨蛙的叫聲，從一處小小的水窪裡傳出來，忍住內心的興奮，我慢慢地逼進，在水邊的草叢裡我終於找到第一隻史丹吉氏小雨蛙，接著第二隻、第三隻，甚至是兩蛙抱接在一起的有趣畫面，雖然沒有遇上千蛙齊鳴的壯觀景象，但是我已心滿意足。

其實，在靶場外面的荔枝園裡也有不少史丹吉氏小雨蛙的叫聲，但是我並沒有進一步去探訪，因為對我而言，能夠在一個充滿回憶的地方找到台灣中部十分罕見的蛙類，已經讓我覺得不虛此行了，於是踩著輕快的步伐，我從漆黑的靶場裡退出來，一旁的老樹下仍然有人在那裡聚坐閒聊，一時之間，我突然想起之前當地老人家所告訴我的那句話：「台中大坑那邊比較多啦，我們這裡沒有青蛙。」看來，就算生活中存在著一些奇珍異寶，但是如果不用心，恐怕也是不容易發現的。

一隻花狹口蛙從落葉中鑽出來。

風雨尋蛙記

尋訪地點	高雄市
蛙名科別	花狹口蛙（狹口蛙科）
命名年代	不詳
保育種別	無，外來種

　　花狹口蛙是一種外來的蛙類，又名亞洲錦蛙，分佈於廣東、廣西、海南島、馬來西亞及新加坡等地，根據專家的推測，應該是跟隨進口的原木而意外進入台灣，目前在高雄一帶已有相當穩定的族群數量。

　　花狹口蛙是在民國86年才被發現，根據楊憶如老師的描述，當時發現花狹口蛙的經過還頗為有趣。當年，剛從台大動物所畢業的潘彥宏先生在高雄林園服役，在營區中他發現跟腳踏車踏板一樣大的小雨蛙，讓他感到十分訝異，於是放假回到學校便迫不及待地告訴其他人，結果卻被眾人取笑，大家都認為他當兵當到頭殼壞掉了。事後為了證明自己沒有說謊，潘彥宏先生遂與幾位弟兄在營區內進行搜尋，最終找到6隻碩大的小雨蛙，並且送交台大動物系，並且由楊憶如老師進行身份的確認，於是使得台灣因而新增一種蛙類。

　　幾年前就聽過花狹口蛙這種外來的蛙種，而且知道在高雄附近已經四處可見其蹤跡，因此為了尋找台灣所有的蛙類，我之前便拜託住在高雄的朋友們，找時間先幫我去探探路，鳳山水庫、半屏山或是高雄都會公園都可以，然後等我有空南下時，便可以帶我去尋找花狹口蛙，於是熱心的怡萱跟季風二人，便相約前往高雄都會公園去探尋，結果不但沒有找到蛙，而且還在佔地十分寬廣的公園裡迷了路，真是為難她們了。

躲在落葉堆中的花狹口蛙。

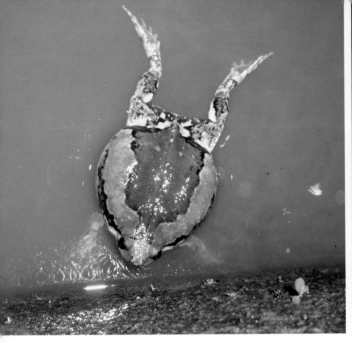

在水溝中脹大肚子而隨波漂流的花狹口蛙。

　　因此，尋找花狹口蛙的任務就只好靠自己了，於是我上網查閱了相關的資料，得悉高雄都會公園的溜冰場是最容易找到花狹口蛙的地點，甚至有人在行政遊客中心後方的水溝也曾發現，因此給了我相當的信心，於是特地找一個持續陰雨的日子南下高雄，除了找蛙、除了旅行，也同時去探望住在高雄的幾位喜歡生態的網友們。

　　夜裡，我們在滂沱的大雨中抵達高雄都會公園，與網友們約在公園的門口碰面，但是雨實在太大了，就算撐著傘，一走出車外就是一身的濕冷，於是我將車子開進公園所屬的地下停車場，並且電話通知其他的網友更改會合的地點。網友們還沒到達，我與家人先在附近逛逛，撐著傘在下著雨的無人公園裡散步，其實一點也浪漫不起來，不過蛙蛙倒是很捧場，不

在停車場入口，一隻花狹口蛙意外地現身。 　　　　　　　　在水溝中鳴叫的花狹口蛙。

斷地從漆黑的林蔭裡傳出叫聲，包括澤蛙、貢德氏赤蛙及蟾蜍，突然！我聽見花狹口蛙低沉獨特的鳴聲從行政遊客中心後方的水溝裡傳出來，於是無畏風大雨急，我趕緊趨前一探，果然有兩隻大蛙在溝中鳴叫，知道有人走近，不但不叫而且還漲大肚子，於是就像一般充氣的橡皮艇一般，在溝中隨波漂流，十分有趣。

　　過了一會兒，網友們陸續抵達了，我們走回停車場跟大家會合，竹子、怡萱、小魚兒、大白鯊及阿家，大家為了陪我尋蛙，不畏狂風大雨，真是令人感動啊。經過寒暄問好之後，大夥隨即換妥雨鞋、雨衣，並且拿出手電筒來，一身裝備齊全儼然要到森林去探險的模樣，結果，就在停車場的入口，我們意外地發現一隻花狹口蛙就蹲在牆角低鳴，彷彿是為了迎

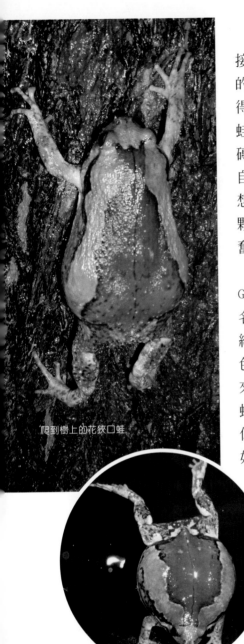

爬到樹上的花狹口蛙。

花狹口蛙的體色十分鮮明，背部中間有一類似花瓶的褐色斑。

接大家的到來而刻意在那裡等待似的，因此找到花狹口蛙可說是順利得讓人意外；但是，那只是一隻小蛙，而且背景是洗石子的牆面及磁磚的地面，拍出來的相片實在不太自然，所以我們都不滿意，我們還想要拍攝更多的花狹口蛙，因此大夥兒完全無視外頭的風強雨急，興奮著往行政遊客中心的方向前進。

花狹口蛙是英國學者J．E．Gray根據採集自中國的標本所命名，其的體型頗為碩大，平均身長約7公分，頭吻部及腹部兩側是橙黃色，而背部則有深褐的色斑，看起來有點像一只花瓶，因此使得狹口蛙具有相當亮麗的外表，一點也不低調、不含蓄，不過在自然野外，如果花狹口蛙不叫，要找到它還是要有點耐心，甚至是運氣，因為花狹口蛙的趾端膨大成為吸盤，會爬到樹上躲藏，同時也擅長挖掘，遇到干擾便會立即鑽進落葉堆或是泥土中，實在是很厲害的一種蛙類。

行政遊客中心的穿廊燈還亮著，我們就在那裡躲雨，因為

風雨實在大得不像樣，然而花狹口蛙卻一直在旁邊的水溝裡鼓譟鳴叫著，彷彿是對我們進行挑釁一般，以為我們拿它沒辦法，眼看風雨始終沒有停歇的跡象，加上花狹口蛙就近在眼前，於是大夥決定跟它拼了，一手撐傘、一手拿相機，至於手電筒則用嘴巴咬或是夾在腋下，然後有點搞笑、有點克難地進入雨聲嘩然的公園裡。

顯然是大雨的關係，高雄都會公園裡的蛙況極佳，我們根本不必深入溜冰場探尋，在行政遊客中心周遭就有許多的花狹口蛙，或在溝中、或在草地及樹上，因此一群人遂在雨中手忙腳亂地拍蛙，於是閃光燈此起彼落地亮著，而驚呼之聲也不絕於耳，但是為了拍好蛙蛙的樣貌，每個人都無法倖免地被淋成狼狽與濕冷，這樣的雨真是讓人又愛又恨呢。

經過短暫的奮戰之後，我們又逃回遊客中心的穿廊裡躲雨，大家一邊擦去身上的雨水，一邊檢視相機中的圖檔，也許不是很滿意，但是大家似乎還能接受，因為在如此滂沱的大雨中，一方面要保護相機避免淋雨，一方面又要拍出精彩的畫面，那顯然是一種左右為難的挑戰吧，真是辛苦大家了；因此，在大夥都拍到花狹口蛙的面貌之後，我便宣佈當晚的尋蛙活動結束，雖然有風雨來攪局，但是過程還算順利平安，然而前後才30分鐘的時間，讓習慣夜間觀察的網友們都覺得不過癮，因此當場有人提出異議，不打算那麼早就解散，於是一群人便在風雨當中繼續逗留，在漆黑潮濕的高雄都會公園裡繼續探險，因而惹得如嘲笑般的風雨毫不客氣地肆虐起來。

葉片上的巴氏小雨蛙，有著圓圓的肚子。

叫聲如鴨

尋訪地點	台南縣東山鄉
蛙名科別	巴氏小雨蛙（狹口蛙科）
命名年代	1901年
保育種別	無

　　2010年的4月底，我在台南縣東山鄉的崁頭山第一次遇見史丹吉氏小雨蛙，事隔一個多月，我再次上山，這回的目標換成巴氏小雨蛙，對我而言，那可是一隻屬於夢幻級的蛙類，因為在台灣的中、北、東部完全沒有它的蹤跡，而且僅僅分佈於曾文水庫附近，加上平常喜歡棲息在草叢或落葉間，要觀察到它十分困難，因此是台灣所有狹口蛙類中最不容易發現的蛙種。

　　這回，我是從台南縣六甲鄉走南174縣道前往東山鄉，因為根據其他蛙友的記錄，在174縣道旁有積水的溝渠裡，便可以發現巴氏小雨蛙的身影，因此我特地繞過去看看；午後，山區的公路安靜著，沿途的住家十分稀少，因而呈現出荒涼僻靜的景象來，當時，天空有些陰沉，有種山雨欲來的感覺，然而天色未暗，因此路旁積著水的溝渠裡，儘管有不少蛙卵及蝌蚪，但是並沒有發現任何青蛙，顯然還躲在一旁的樹林或草叢裡。

　　從174縣道進入東山鄉，在即將抵達崁頭山的地方，終於開始下起大雨了，一時之間，山區的雲霧也跟著翻騰飄移，是典型的夏季午後雷陣雨的模樣，聲勢雖然驚人但是應該不長久，因此我並不擔心，於是迎著滂沱的大雨，我們順利地抵達崁頭山仙公廟，而這時，大雨持續地下著，大量的霧嵐也毫不客氣地盤據著整個山林，從廟裡望出去，盡是白茫茫、濕淋淋的景象。

雲霧彌漫，生態精彩的崁頭山。

躲在雜草根部的巴氏小雨蛙

在草叢間鳴叫的巴氏小雨蛙。

叫聲如鴨的巴氏小雨蛙。

天色漸暗，在廟裡用完晚膳之後，雨終於停了下來，但是霧還沒散，依舊濃濃地將山林包住，於是廟裡亮起的燈光遂有一種漠楞楞的神秘感。稍作休息，我們便趕緊前往廟旁的山林裡去尋蛙，因為擔心氣候驟變，大雨如果又來，一切的等待恐怕就會徒勞無功。

我們又前往之前尋得史丹吉氏小雨蛙的山徑，大雨過後，山林裡極為潮濕，踩著樹林底下的落葉，鞋底盡是滋滋作響。循著山徑往下，同行的阿廖帶我們前往另一處隱藏在山林間的水塘，四周樹木濃密、野草叢生，顯得十分幽暗神秘，黑蒙西氏小雨蛙及白頷樹蛙已經在那裡高歌了，但是我們並沒有聽見巴氏小雨蛙如鴨子般的叫聲，於是只好試著碰碰運氣，拿起樹枝在草叢間撥弄，看看有沒有蛙兒會跳出，然而並無所獲，令人有點失望，不過幸運之神顯然還是眷顧我們的，因為過沒多久，在益顯吵雜的蛙鳴當中，我們終於聽見一兩聲鴨子的叫聲，讓人精神為之一振。

其實，在潮濕的山徑上，黑蒙西氏小雨蛙及拉都希氏赤蛙才是最主要的蛙種，隨著夜色越深，拉都希氏赤蛙的數量就越多，山徑及草叢裡到處都是，多到稍不留意便會踩到它們，沒有親臨現場，實在很難想像山路被群蛙盤據的驚人場面，那應

該是傍晚的那場大雨，讓山林間的白蟻紛紛飛出，因而吸引蛙族們傾巢而出，於是就在山徑上上演一場你死我活的戲碼，不過最後的勝利者，似乎是後來才加入戰局的蛇類，從草叢裡無聲無息地滑出，然後張口就吞食一些失去戒心的蛙類。我拿起樹枝將那些長蟲撥到另一邊的山林，免得妨礙我尋蛙。

潮濕又漆黑的山林裡，黑蒙西氏小雨蛙的叫聲十分響亮，加上一旁可能還有其他的蛇類虎視眈眈，因此在這樣的環境下，我們必須靜下心來，才能在吵雜當中聽見數量較少的巴氏小雨蛙的叫聲，於是循聲辨位，我終於在水塘邊的草叢間發現巴氏小雨蛙的身影，從莖葉交錯的縫隙中，我看見一隻小小黑黑的身體正鼓脹著大大的鳴囊，小心翼翼地叫著如鴨子般的聲音，當下，歡然的心情讓所有的辛苦都煙消雲散。

接下來，第二隻、第三隻巴氏小雨蛙也陸續現身，巴氏的形態有點像小雨蛙，都是小型的蛙類，體背為灰褐或黑褐色，有顆粒狀的突起，不過巴氏沒有小雨蛙的背中線，這是除了聲音之外的主要辨識特徵。

其實，在尋蛙的過程中，除了蛇類與蚊蟲的干擾之外，還突然下了一場雨，因此儘管順利地拍到巴氏小雨蛙，但是卻換來一身的狼狽與濕冷，不過我仍然覺得值回票價，因為巴氏小雨蛙對我而說，可是一隻夢幻級的蛙類，是台灣所有狹口蛙類中最不容易發現的蛙種呢。

苔蘚上的巴氏小雨蛙，體色比較淺。

水芙蓉上的腹斑蛙，姿態十分俊秀挺拔。

腹斑蛙的啟示

尋訪地點	南投縣埔里鎮
蛙名科別	腹斑蛙（赤蛙科）
命名年代	1909年
保育種別	無

　　位於鎮郊西南方的桃米坑，在民國88年的九二一地震後，因為有集集特有生物中心的專家的幫忙調查，發現當地的蛙類竟然高達19種之多，約佔台灣蛙類總數的三分之二，儼然是一處蛙類的天堂，於是在地震後的重建過程中，當地居民遂以青蛙作為象徵的圖騰，積極地朝向生態休閒的方向來打拼，經過產官學界的共同努力，桃米坑如今已成為台灣知名的生態村，也成為許多社區學習的一種典範。

　　朋友小官在桃米坑開民宿，同時也擔任當地的生態導覽解說員，是一個瞭解青蛙、熱愛生態的人，因此偶有空閒或是路過，我常會前去小官的民宿找他泡茶聊天，當然也會聊聊我們都喜歡的青蛙。

　　在民宿下方有兩處茶亭，那是阿官平時用來接待客人的地方，茶亭旁有一處引自山上水泉所形成的小池，周圍擺著一些石頭，同時種植若干水生的植物，因而巧妙地營造出原始自然的生態空間來，於是吸引了許多不同的生物進住，包括青蛙、蜻蜓以及大肚魚等等，而其中，腹斑蛙無疑是阿官的民宿裡最有代表性的生物。其實，腹斑蛙是西元1909年，由英國學者

民宿裏的池塘，住著許多腹斑蛙。

民宿裏一件蛙蛙造型的裝置作品。

在水池布袋蓮間的腹斑蛙。

G．A．Boulenger所命名，當時採集標本的地點就是台灣南投，因此對於南投縣來說，腹斑蛙可是意義非凡呢。

從五月初夏開始，池子裡的腹斑蛙便會開始熱切地鳴叫著，「給—給—給」地叫的不停，彷彿是叫上門的客人要「給錢—給錢—給錢」一樣，令人覺得莞爾，不過阿官卻對於腹斑蛙「給—給—給」的叫聲有不同的看法，他說：「給—給—給，除了是客人要給錢之外，我們也要給人家最好的服務，這麼一來，大家才能夠互相地給下去。」說得真有道理啊，沒想到從青蛙的叫聲，阿官也能說出一番永續經營的大道理來，真是教人刮目相看。

可能是看我一臉仰慕的表情，阿官的臉上也不禁露出得意的笑容，他接著說：「等秋天一到，腹斑蛙就會安靜下來，你拿錢請它叫，它也絕對不會叫，這

不是耍脾氣喔，而是一種智慧的表現。」阿官是這樣告訴我的。

很顯然，腹斑蛙是一種很有意思的蛙類，屬於它的季節一到，它便會認眞地鳴叫求偶，然後等時機一過，它便會完全閉嘴，既不虛僞做作，也不戀棧強求，這不禁讓我想起「上台靠機會，下台靠智慧。」的那句話來。不過，其他的蛙類其實也都一樣，不是屬於它們的求偶季節便會消失的無影無蹤，然而阿官卻能夠從這種看似理所當然的生態現象裡，領悟到更深一層的啓示，看來他與腹斑蛙的關係是非同小可呢。

在屬於腹斑蛙的季節裡，與阿官在茶亭裡泡茶聊天，一旁的池子裡便會不停地有「給─給─給」的蛙鳴傳出，彷彿那些腹斑蛙對於我們聊談的內容很有意見，因此急著也想要插嘴來表達不同的看法，於是輕易地便將氣氛搞得很熱鬧，眞是不甘寂寞的傢伙啊。其實，阿官在茶亭旁養那些蛙蛙是有目的的，因爲桃米坑是台灣知名的生態村，很多遊客都是慕名而來，要不然就是對生態有著相當的興趣，因此在自己的民宿裡養些腹斑蛙，客人不必跋山涉水、不必摸黑探險，在民宿裡就可以就近觀察，既安全又方便，確實是個聰明的做法。

夏天又到了，找個時間去找阿官泡茶聊天吧，看看可不可以從嚷嚷不休的蛙鳴中，再得到更多的啓示。

水塘邊，一對抱接恩愛的腹斑蛙。

葉片上一隻斑腿樹蛙的小蛙。

斑腿樹蛙在石岡

尋訪地點	台中縣石岡鄉
蛙名科別	斑腿樹蛙（樹蛙科）
命名年代	不詳
保育種別	無，外來種

　　2010年的5月底，在青蛙公主楊懿如老師的部落格中看到一篇文章，其內容如下：「5月22日晚上探訪台中詹見平校長組成的兩棲調查志工隊，主要是因為詹校長告知他的樣區出現不明蛙類。但從他的描述，我推測是幾年前意外引進台灣的斑腿樹蛙Polypedates megacephalus，外型很像白頷樹蛙，但叫聲較急促，明顯不同。幾年前我也曾在台中梧棲看過，也確定斑腿樹蛙是從彰化田尾引進到台中，沒想到近幾年已經在台中石岡一帶擴散開了！………」

　　接著，楊懿如老師繼續寫著：「過去近年，我一直都希望牠們能因適應不良自動消失，所以不想列入台灣的蛙類新紀錄種，但如今不得不面對了，將列入今年的監測重點之一。」看來，台灣的蛙界為了艾氏樹蛙要不要再區分為艾氏、王氏與碧眼而還沒有定論之際，可能又要為斑腿樹蛙的存在而傷腦筋了。

　　根據楊懿如老師所提供的資料顯示，斑腿樹蛙分佈於東南亞及中國大陸等地。其外型與白頷樹蛙很像，叫聲也是「搭─搭─搭─搭─搭」如連珠砲一般，但是比較連續而且急促；目前在台灣所發現的斑腿樹蛙，背部通常會有X型的花紋，吻端較白頷樹蛙尖，而且大腿內側的網紋也較粗，這是辨識斑腿樹蛙的主要依據。

　　既然知道有斑腿樹蛙這種外來的蛙類，我當然不能錯過，因此透

斑腿樹蛙的蝌蚪。

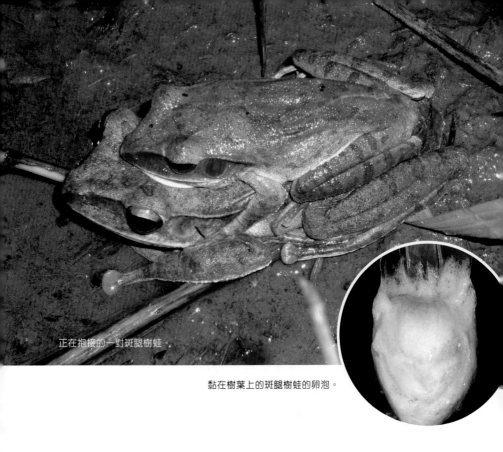

正在抱接的一對斑腿樹蛙。

黏在樹葉上的斑腿樹蛙的卵泡。

　　過管道尋得住在台中石岡的詹見平校長,得知他們的
兩棲調查志工隊於6月12日晚間有一趟野外的夜間調
查,於是我專程從南投埔里趕過去跟他們會合,打算
一探斑腿樹蛙的盧山真面目。志工隊當天要夜觀與調
查的地點,就在詹校長住家附近的菜園裡,在想像
中,要在那樣的地點尋得斑腿樹蛙,應該不是很困難
的事才對,儘管那幾天下了不小的雨,然而校長在電
話中堅定地告訴我:「我們風雨無阻!」因而給了我
相當的信心。

　　當天傍晚,在石岡鄉的土牛國小門口與詹校長碰
面之後,我們隨即前往附近的菜園,天色漸暗,志工

隊的夥伴也陸續抵達，校長趁著夥伴還沒到齊之際，先帶我進入菜園裡，針對幾處已經有斑腿樹蛙的卵泡和可能出現蛙蹤的地點讓我知道，而這時，斑腿樹蛙早已經在菜園裡鳴叫，彷彿是為了歡迎我的到訪一般，讓我歡然不已。

詹校長的菜園其實並不算大，約有二分地左右，依地勢分為上下兩區，一開始，校長與志工隊的夥伴在上區進行蛙種及數量的調查，而我則跟在旁邊學習，因為我很羨慕他們，有一群志同道合的朋友可以一起進行夜間觀察的活動，在我住的小鎮埔里並沒有這樣的組織，因此我通常都是獨來獨往，一個人在漆黑的山林野外尋蛙，那是既孤單又令人害怕的事呢。

就在他們一邊觀察一邊做記錄的同時，我試著在周遭尋找可能的驚喜，聽志工們說，在一旁的南薑及香蕉葉上有許多的中國樹蟾，他們上回來夜觀時，輕易地就可以發現，但是我並沒有找到，可能是時間還太早吧，不過小雨蛙、拉都希氏赤蛙、貢德氏赤蛙及澤蛙，倒是在周遭的草叢及水澤裡嚷嚷不休。

接下來，詹校長與志工們轉移陣地，到下區的菜園裡繼續進行觀察和記錄，而這時候，我則開始循聲

兩棲志工們正在菜園裏進行蛙類調查。

停在樹枝上的公的斑腿樹蛙。（拍攝於彰化田尾）

辨位，積極地尋找斑腿樹蛙的蹤跡，然而結果卻是令人感到有些意外與氣餒，因為菜園雖然不大，但是環境卻十分複雜，除了菜圃還有溝渠、淺塘，光是雜草就長及腰腿，更遑論是比人還高的各種樹木，於是在黑夜中，詹校長的菜園儼然就是一處迷你的森林，因此，斑腿樹蛙儘管就在四周急促地叫著，但是我卻始終找不到它們，因為稍一接近，聲音便頓時停住，直到我轉身離開，身後才再響起那急促又帶點挑釁的蛙鳴。

其實，在尋找斑腿樹蛙的過程中，我不斷地遇上其他的蛙類，以及更多的卵泡，甚至是其他有趣的昆蟲，就是獨獨不見斑腿樹蛙的身影，於是那些來自菜園各個角落的斑腿樹蛙的叫聲，在我聽來顯得特別刺耳，彷彿是嘲笑一般，令人心浮氣躁，於是隨著時間越來越晚，我似乎越是奈不住性子，心裡想，我可能

一隻斑腿樹蛙的母蛙與一旁的卵泡。（拍攝於彰化田尾）

要找時間再來造訪石岡了，這次的尋蛙恐怕就要空手而歸了。

突然！我聽見志工們輕呼著：「找到斑腿了！」一時之間讓我的精神為之一振，於是立即前往志工們所在的位置。那是一處淺塘，種著一些茭白筍，在岸邊的草叢裡有兩隻斑腿樹蛙正抱接在一起，在數隻手電筒的光束照射下，正愣然不知所措，於是任由大家紛紛地拍照，我也趕緊加入拍照的行列，雖然有野草擋住視線，讓畫面不是很完美，但是總比沒有來得好；大家都拍過之後，詹校長蹲下身去將一旁的雜草清除乾淨，而那兩隻恩愛不渝的斑腿樹蛙並沒有慌然逃走，依然安靜地趴伏著，因而讓我們能夠繼續拍個過癮，彷彿是對我們一夜苦尋的一種補償。

終於拍到斑腿樹蛙還有卵泡，同時也參與了詹校長與志工們夜間蛙調的過程，儘管蚊子凶猛，而且還差點放棄，但是所有的辛苦在尋得斑腿樹蛙的同時已經煙消雲散，而一身的濕汗，在微微的晚風中竟也成了一種舒涼。

註：知道斑腿樹蛙在台灣最早的棲地可能是彰化縣的田尾鎮，因此，我後來特地前往田尾一探，果然在當地的溝渠及園藝業者的園區裡發現不少斑腿樹蛙。

土堆中的小雨蛙。

樣仔坑的小雨蛙

尋訪地點	雲林縣斗六市
蛙名科別	小雨蛙（狹口蛙科）
命名年代	1841年
保育種別	無

　　芒果的台語稱為「檨仔」，因此，位於斗六市湖
山里的檨仔坑，應該就是因為長著許多芒果而得名
的地方，除此之外，當地的生態也非常的精彩，幾年
前因為八色鳥在檨仔坑附近的幽情谷棲息，引起愛鳥
人士的關注而聲名大噪，於是使得檨仔坑不再默默
無聞。根據楊胤勛所著的〈賞蛙地圖〉書中所描述：
「……其實這個小村莊真可謂台灣最珍貴的低海拔生
態基因庫，擁有300多種的植物、80多種鳥類、30多
種爬蟲類、20多種哺乳類、20幾種魚類等說不完的寶
藏。」其中還包括岩生秋海棠、藍腹鷳、八色鳥、斯
文豪氏游蛇、台灣葉鼻蝠及台灣馬口魚等，果真是生
態非常精彩的地方。

　　但是，在檨仔坑附近目前卻有一座湖山水庫正在
興建，預計民國103年會完工，到時候，除了幽情谷之
外，附近還有若干的山林也都將會被水淹沒，對於當
地的生態勢必會帶來極為嚴重的影響，因此對於這樣
的一處生態寶地，我覺得，既然無法改變被破壞的命
運，也總該去當地走走看看，不是為了抗議，也不是
憑弔，只是覺得有種必要。

　　2010年的端午節下午，我們從國道3號進入斗六
市，緊接著從省道3號公路轉進梅林里；過了梅林便
是檨仔坑，當地的住戶不多，山路兩旁盡是竹林與果
園，環境顯得相當的寧靜與純樸，而山路旁的行道樹
則是高高的土芒果，樹上結果累累，而樹下已有不
少掉果，被往來的車輛給碾破，於是爆出金黃的果肉
來，使得空氣中彌漫著一股芒果的香甜氣味。

根據資料的記載，在樣仔坑土雞城附近就可以觀察到多種的蛙類，因此我們將車子停在土雞城旁的路邊，準備下車去尋蛙，傍晚的土雞城還沒有客人上門，顯得有些冷清，不過貢德氏赤蛙卻從後來的凹地裡傳來叫聲，顯得有些迫不及待。在不同方向的山路旁，我看見兩面交通的警示牌，上面寫著「小心動物」的字樣及兩張不同內容的圖案，分別是蛇及蛙，讓人清楚地感受到當地豐富的生態面貌，而那樣的路牌，也讓我想起去年前往烏來四崁水尋蛙的經過，當時我正從漆黑的竹林裡退出來，在兩邊都長滿雜草的山徑上，我突然看見一隻青蛙跳過，緊接著一條蛇跟著滑過，於是就在我眼前上演著一場蛙跑蛇追的場面。

　　天還沒黑，所以樣仔坑的蛙蛙們還沒出來納涼，不過我在路旁積水的溝渠裡已經發現許多的蝌蚪，其中以小雨蛙的蝌蚪最多，因此等天一黑，當地應該會十分熱鬧才是。順著山路繼續深入，我們打算前往幽情谷一探，不過過了樣仔坑之後，因為前方有橋樑正在施工而無法通行，因此只好作罷，於是我們轉往斗六市去用晚餐。

小心動物的警示牌，令人印象深刻。

漂浮在水溝中的小雨蛙。

跳到馬路上來的小雨蛙。

　　晚餐之後，天色已經完全暗了下來，我們再次回到橃仔坑；途中，我打開車窗，讓夏夜特有的涼風灌進車內，同時也灌進一身的舒暢，由於開著車窗，因此在路過梅林派出所的時候，我竟意外地在風中聽見諸羅樹蛙的叫聲，在人車頻繁的住宅商街，能夠聽見諸羅樹蛙的聲音讓我感到十分意外，於是趕緊停車下來查探；原來，在派出所旁有一窪長滿水芙蓉的水塘，四周則聚生著一些樹木及草叢，看來十分荒涼，除了諸羅樹蛙之外，當地還有貢德氏赤蛙與白頷樹蛙，蛙種雖然不多，但是叫聲卻十分響亮。由於環境不熟悉，加上水塘深不可測，因此我並沒有深入一探，短暫逗留之後便離開。

　　抵達橃仔坑，那間土雞城的燈光已經亮起，但是仍然沒有客人上門，空盪盪的停車場給人一種繁華不再的落沒感，幸好一旁的竹林及果園裡蛙鳴不止，多少減去些許孤寂的氣氛。我在傍晚時發現許多蝌蚪的水溝旁停車，然後下車觀察，山路旁果然有許多蛙蛙

跳竄的身影，包括小雨蛙及拉都希氏赤蛙，而一旁的竹林裡則傳來小雨蛙吵雜有如刮洗衣板的聲音，其中還夾雜著白頷樹蛙如敲打竹管的鳴叫，至於中國樹蟾的叫聲則從菜園裡傳來，顯得熱鬧異常。

關掉手電筒的光束，我在漆黑中凝神佇立，試著讓周遭的山林恢復應有的陰暗氛圍，於是慢慢地，蛙鳴愈顯囂張，持續而且吵雜的聲音讓人有種

葉片上的小雨蛙。

菜園裏的小雨蛙，有著不一樣的體色。

震耳欲聾的感覺，我知道那是小雨蛙，一種體型很小但叫聲卻十分驚人的蛙類，其實，在我住的山城埔里，要發現小雨蛙或是黑蒙西氏小雨蛙都是不容易的事，因為它們都習慣躲在草叢或落葉底層，加上人一接近便乍然無聲，因此通常只聞其聲而不見其影，但是在樣仔坑，小雨蛙卻多到可以在山路旁亂竄，眞是令人意外，當天並沒有下雨，否則數量應該會更多才是。

在樣仔坑的山路旁待了一會兒，沒有任何的人車經過，雖然才剛剛入夜，但是整個山村彷彿早已經沉睡一般，顯得份外安靜，於是夜裡的樣仔坑只好任由那些蛙族恣意囂張、快意鳴唱，其間，貓頭鷹也來湊熱鬧，在林間「呼—呼—呼」地叫著，看來，樣仔坑似乎沒有因為八色鳥的發現而有太大的改變，仍然停留在過去「日出而作、日落而息」的年代裡，然而，不遠處的湖山水庫正在趕工，當水庫完成、當水淹山林，樣仔坑恐怕就無法置身事外了，想到這裡，我不禁覺得，那些小雨蛙的叫聲顯得有些焦慮與不安。

山路旁的拉都希氏赤蛙，展現出雄糾糾氣昂昂的架勢。

雨夜，潭畔

尋訪地點	南投縣魚池鄉
蛙名科別	拉都希氏赤蛙（赤蛙科）
命名年代	1899年
保育種別	無

仲夏的午後，天空陰霾著，潭邊的山巔盡是厚重的雲層，彷彿稍不小心便會崩落下來一樣，於是給人一種莫名的沉重的壓力。忽然，山風驟來，除了帶來一陣陣舒涼，也讓眼前的山水跟著迷茫起來，而遠方甚至還有轟隆的雷鳴傳盪著，那是仲夏午後慣有的大雷雨。

雨斷斷續續地下著，讓白天的酷熱躲得無影無蹤，也讓潭邊的山林多了霧嵐的溫柔。黃昏的時候抵達潭畔，夜色早已經在附近的林間蟄伏，等待微弱的天光被雨水給澈底淋落，便可以為所欲為地四處彌漫。

位於日月潭水社壩旁的明潭風物館，那是當地已故國寶級藝師—張連桂先生的故居，靠著山壁、臨著崖谷，是一處充滿野趣與寧靜的地方。張連桂先生逝世之後，他的兒子張文耀先生將父親生前所住的房子規劃出一處展示空間來，用以陳列張連桂先生的作品，包括瓶中藝術、芒萁編織及繪畫等等，於是成為日月潭畔一處令人驚喜連連的人文景點。

除了欣賞張連桂先生生前的精巧作品，在明潭風物館裡還可以喝茶、喝咖啡，因為張文耀先生將父親生前所搭建的一座木造棚屋改建為咖啡廳，讓訪客可以短暫歇息，也可以欣賞風景；從棚屋裡往外望，便是日月潭迷人的山水景致，於是在明潭風物館裡喝茶或喝咖啡的同時，一同品飲的其實還有山水交融的美麗，那是一種莫大的享受呢。

明潭風物館裏的內部建築。

明潭風物館的入口及喝茶的棚屋。

拉都希氏赤蛙的幼蛙

　　黃昏時抵達明潭風物館，當然不是為了賞景，而是為了訪友，因為日月潭早已經糊成朦朧的灰黑與寧靜，不過茶與咖啡卻依舊溫熱，於是稍不留意，夜色早就隨著濕雨四處氾濫了；在漆黑中，遠方的日月潭亮著點點的燈火，還有一大片的光暈從山後透出來，那應該是屬於水社碼頭區若干飯店的繁華吧，於是隔著一段距離，依稀還能夠聽見一些喧嚷。

　　雨夜裡的明潭風物館其實並不安靜，因為蛙鳴四處傳盪著，包括小雨蛙、面天樹蛙、白頷樹蛙、貢德氏赤蛙、黑眶蟾蜍以及拉都希氏赤蛙，大家分別在不同的角落裡熱切地高歌，頗有彼此較勁的況味，於是把雨夜裡的潭畔吵得熱鬧非常，尤其是拉都希氏赤蛙，不知道從那裡竄出來，在山徑上、在花盆旁、在樹下、在牆角，數量十分驚人，而且還雄糾糾氣昂昂地趴坐著，展現出不可一世的模樣，完全不把一旁的黑眶蟾蜍放在眼裡，因而成為仲夏雨夜裡的強勢蛙種。

　　不過，拉都希氏赤蛙其實也有溫柔的一面，在棚屋旁的樹下，堆聚著若干盆栽，其中還有幾個積水的

容器，拉都希氏赤蛙就在那裡含蓄地叫著，叫聲十分特別，像嘴巴含著東西，也像便秘時嗯不出來的樣子，於是地方上的生態解說員總喜歡稱它為「拉肚子—吃西瓜」，除了給遊客深刻的印象之外，也彷彿是要幫拉都希氏赤蛙解決便秘的困擾，因而令人莞爾。

拉都希氏赤蛙是在西元1899年，由英國博物學者Geogre A. Boulenger以英國人—拉圖許John David Digues La Touche 的名字所命名的蛙類，拉圖許對於自然、歷史的事物非常有興趣，21歲時就抵達中國，並且逗留時間長達三十年，拉都希氏赤蛙的命名標本便是他在福建所採集，另外，他也曾經三次造訪台灣，第一次前來台灣探險時，就曾在大武山的山腳與拉都希氏赤蛙相遇。

在台灣的平地及低海拔的山區，拉都希氏赤蛙是很常見的一種蛙類，其特徵是背側摺粗厚明顯，而且背部的皮膚粗糙，為紅褐色或棕褐色；由於一年四季幾乎都可以交配繁殖，因此到處都可以發現它的蹤跡，所以是蛙友口中標準的「菜市場蛙」，也就是很普遍而不稀奇的意思。

仲夏的夜晚，雨斷斷續續地下著，使得潭邊的山林潮濕非常，於是群蛙傾巢而出，特別是拉都希氏赤蛙更是數量驚人，於是使得明潭風物館裡洋溢著一種熱鬧而且愉悅的氛圍。喝一杯溫熱的茶，望著遠方的潭面飄浮著淡淡的雨霧，再聆聽蛙鳴在四周迴盪，那是一種另類而且有趣的享受吧。

一對抱接恩愛中的拉都希氏赤蛙。

從利嘉林道眺望台東市的夜景。

橙腹不在家

尋訪地點	台東縣卑南鄉
蛙名科別	橙腹樹蛙（樹蛙科）
命名年代	1994年
保育種別	保育類，台灣特有種

　　住在鎮郊的阿賢是一位藝術家，他的工作室佈置得頗為雅致，因此偶有空閒，前去找他泡茶聊天遂成了一種習慣，但是擔心他不在，也擔心會妨礙他的創作，因此要過去叨擾之前，我通常都會先打個電話去確認才前往，然而這樣的動作卻被阿賢拿來當成笑柄，說我彷彿是外地人，要去找他還要先打電話，真是客氣到不行。說得也是，不過我還是覺得有必要，因為那是一種人與人之間應該有的禮貌吧。

　　2010年的暑假，因為孩子就讀的學校有安排輔導課程，只有暑假前後的幾個禮拜放假，其他時間都必須回到學校上課，因此為了配合孩子的時間，暑假一開始我們便出門去旅行，這回的地點是台東，因為除了旅行之外，我還有另外一個目的，那就是前往當地尋找橙腹樹蛙，所以抵達台東之後，我們夜宿在台東市郊的利嘉山區，因為聽說利嘉林道是台灣橙腹樹蛙最多的地方。

利嘉林道上的標示牌，顯示當地的生態非常精彩。

利嘉林道是蛙界公認橙腹樹蛙數量最穩定的地方。

在利嘉山區的樹木底下，很容易發現類似的水桶。

白頷樹蛙是利嘉山區最常見的蛙種。

然而，我只記得要配合孩子的時間，卻忘了要先跟橙腹樹蛙打聲招呼，不知道它在不在家？我就冒然前來造訪，顯然是有點失禮的。但是既來之則安之，在當地友人的協助下，我先後在利嘉附近的三個據點尋找，可惜！不管是白天還是晚上，我都沒有發現橙腹樹蛙的蹤跡，就連叫聲也都沒聽見，「我們這裡已經一個多月沒有下雨了，太乾太熱了，所以橙腹應該在夏眠。」朋友是這樣安慰我的，而且把責任都推給天氣。

其實，當地友人還說，住著橙腹樹蛙的利嘉林道，生態非常的豐富，因此蛇類的數量也相當的多，提醒我尋蛙時要小心，他說：「在利嘉林道遇見一條蛇是平常，遇上兩條蛇是正常，遇見很多條蛇是常常。」天啊！在漆黑的原始森林中尋蛙已經夠辛苦了，還要承擔蛇類威脅的壓力，我真是自討苦吃啊！但是所謂「不入虎穴焉得虎子」既然來到利嘉，儘管各種條件都不利於尋蛙，但是我仍然要上山去碰碰運氣，總覺得唯有如此才對得起自己。

因此，午後抵達台東利嘉，我並沒有直接前往民宿，而是先到利嘉林

道去熟悉一下環境。天氣真的很熱，林道兩旁的植物都是一臉垂頭喪氣的模樣，森林裡完全嗅不到濕氣，而且也沒有風，因此悶熱是利嘉林道給我的見面禮，還好，當地的風景還不錯，可以遠眺台東市區的街景，讓心情多少得到一些平衡，然而又乾又熱的天氣讓我大呼不妙，心裡暗想，要找到橙腹樹蛙的機會恐怕不太高。

其實，我在出發之前，就有網友告訴我，要找橙腹樹蛙一定要用桶子，當時我還無法體會，直到抵達利嘉之後我才終於明白，學界曾經在利嘉山區的樹下擺放過許多桶子，用以誘騙橙腹樹蛙到桶子裡交配產卵，聽說效果還不錯，但是我無法逗留多天，也不知道適當的地點在那裡，因此我沒有帶桶子，只憑著一股傻勁，企圖在森林裡聽聲辨位來找蛙，但是蛙蛙不叫，我一點辦法也沒有。

根據資料的記載，橙腹樹蛙的分佈還算廣闊，在台灣的北、中、南與東部的次生林與原始林中皆可見其蹤跡，然而卻零星分散，間斷分佈的情況十分嚴重，因此是蛙界公認最神秘而且也是最不容易找到的蛙種之一，因而遲至1994年，才由台灣師大生物系的呂光洋教授及其學生共同發表，其標本採自宜蘭福山植物園，成為台灣特有種的新蛙類—「橙腹樹蛙」（Rhacophorus aurentiventris）。其中，種名aurentiventris是拉丁文，指的就是橘紅色的腹部，所以是根據外型來命名。

除了零星分佈的因素，利用樹洞來繁殖也是造成橙腹樹蛙數量稀少的原因之一，因為在森林當中，若

積著水的水桶裏，有很多白頜樹蛙的蝌蚪。

干因爲老化而倒塌積水的中空樹幹，是橙腹樹蛙傳宗接代的主要場所，但是在大自然中，一棵大樹要成爲能夠積水的樹洞，那需要相當漫長的時間與諸多巧合的機緣，即便是人跡罕至的原始森林，都不見得有很多適當的樹洞可以給橙腹樹蛙來使用，更何況是天然的樹洞很快就會腐敗，因此學界在森林裡擺放人工的繁殖水桶，除了是調查研究時必要的一種手段之外，對於橙腹樹蛙的繁殖與生存似乎也帶來了一些幫助？

然而，我在利嘉山區尋蛙的過程中，並沒有看見學界所擺放的桶子，不過，我只要看見林中有任何積水的容器，特別是水桶，便會迫不及待地趨前一探，並且在周遭的林葉間四處搜察，企圖尋找可能的蛙蹤，其間，我先後在林間的水桶裡及附近的枝葉上找到5隻綠色的樹蛙，它們都靜靜地趴伏著，剛發現時，我興奮的不得了，多麼希望那就是紅肚子的橙腹樹蛙，但是當我將樹蛙抓起來，然後將它的肚子翻過來一瞧，原來是莫氏樹蛙，而且接連5隻都一樣，於是讓

芋葉上睜大眼睛的莫氏樹蛙。

我的心情從充滿期望到完全落空，還真是沮喪呢。

除了莫氏樹蛙，那些水桶裡還有不少蝌蚪，不過大多是吻端有一個小白點的白頷樹蛙的孩子；在利嘉地區，白頷樹蛙儼然成為強勢的蛙種，不管走到那裡？總是能夠輕易地聽見它那如竹管敲打般的叫聲，包括夜晚住在民宿裡，陪我們入睡的也是白頷的叫聲，在找不到橙腹樹蛙的情況下，心情已經有些低落了，再聽見窗外十分吵雜的白頷的蛙鳴，是更顯得份外刺耳，就彷彿那是一種取笑般，對於我的尋蛙失敗不斷地嘲弄著。我心裡想，如果抓十隻白頷可以換一隻橙腹，我一定不會讓那些白頷如此猖狂的，哈哈哈。

其實，在台東沒能找到橙腹樹蛙，把氣發洩在白頷樹蛙的身上是無聊的，把責任推給天氣也是不對的，真正要負責任的人應該是我吧，因為只知道要配合孩子的時間，卻忘了要先跟橙腹樹蛙打聲招呼，人與蛙之間也應該要有基本的禮貌吧！因此在橙腹不在家的情況下，就算我誠意十足、就算我勤於造訪，一切也都是徒勞無功，所以沒能找到橙腹樹蛙，我只好套用蛙界常用的一句話來安慰自己，那就是──「留點遺憾，下次再來。」

草地上的海蛙。

情義相挺在佳冬

尋訪地點	屏東縣佳冬鄉
蛙名科別	海蛙（赤蛙科）
命名年代	1829年
保育種別	無

在2010年的暑假之前，關於我要尋訪台灣所有蛙類的工作即將接近尾聲，因為當時只剩下海蛙及橙腹樹蛙兩種尚未尋獲，所以暑假一開始，我便積極地準備出門去找蛙。橙腹樹蛙雖然分佈較廣，很多地方都有它的蹤跡，但是台東的利嘉林道是蛙界公認橙腹最多的地方，因此一開始，我就打算要前往台東去尋找橙腹樹蛙；至於海蛙，目前只有屏東的東港至佳冬一帶才有，因此南下屏東並且轉往台東，遂成為我暑假尋蛙的規劃路線。

在網路上，有許多朋友都知道我將在暑假期間南下尋蛙，因此不斷地給我加油打氣，並且祝福我尋蛙成功，大家的隆情厚誼其實正是我能夠堅持下去的主要原因之一，因此讓人非常感動，而其中，住在高雄市的小蟹蟹更是熱心，在我的部落格中留言，表示願意帶我去找海蛙，因為他知道一處私房的據點，當地的海蛙數量一直很穩定，能夠大大地提高我尋得海蛙的機率。

有內行人帶路當然是求之不得，於是我便進一步與小蟹蟹聯絡，同時更改我的尋蛙行程，原本，我是打算先到屏東去找海蛙，接著再到台東找橙腹，因為橙腹樹蛙要找到它的機率相當低，我一直認為它會是我要找的最後一隻蛙，但是為了配合小蟹蟹的時間，我只好先到台東，回程時再到屏東尋海蛙，而這樣的改變，卻

在觀察箱裏，有小蟹蟹幫我們抓到的兩隻海蛙。

大家在池塘邊一起合照留念。（中間抓蛙者為本書作者）

意外地讓海蛙有可能成為我的最後一隻蛙，也就是蛙界戲稱要辦桌請客的「辦桌蛙」，於是我心裡想著，如果我在台東能夠順利地找到橙腹樹蛙，那麼海蛙的尋獲就顯得意義非凡了。

2009年的夏天，因為南部昆蟲幫的網友到埔里來找我，因而開啟了我尋蛙、寫蛙的計畫，如果海蛙是我的辦桌蛙，那一定要邀請他們前來見證歷史，從開始到結束，如果都有昆蟲幫的友人的參與，那就太棒了，加上從高雄到屏東，路途還不算太遙遠，我的提議應該不會過於強人所難才是，於是我分別在這些昆蟲幫的網友的部落格中留言，並且提出我的邀請，果然大家都樂意參與，包括竹子與怡萱等人，尤其是住在台南市的安琪拉更是拉著先生一起來共襄盛舉，這樣的情誼真是讓人感動啊。

可是人算不如天算，暑假一開始，我在台東3天2夜的尋蛙之旅竟然槓龜，因此在沒有找到橙腹樹蛙的

情況下，就算我在屏東找到海蛙，它也不是辦桌蛙，意義顯然遜色許多，不過行程既已安排，我們當然還是要去尋找海蛙，於是我在佳冬笑著告訴昆蟲幫的友人：「海蛙雖然不是我的辦桌蛙，但是它卻是我的情義蛙。」因為有大家的情義相挺，讓我的尋蛙之旅除了驚險刺激之外，也有溫馨感人的情節。

2010年7月10日晚間，我們一群人約在屏東縣佳冬鄉一處7-11碰面，昆蟲幫的友人們陸續抵達，於是我透過電話與小蟹蟹聯絡，原來他早已經在附近的池塘裡尋蛙了，於是我們一群人趕緊過去會合。那是一處種著荷花的池塘，周邊環植垂柳，雖然在夜晚，但是仍然可以清楚地感受到當地環境的清幽與乾淨。池塘邊有人影走動，那應該就是未曾謀面的小蟹蟹吧，於是我輕聲呼喚，隨即有一名年輕人從暗處走出來。

「您是一把斧頭嗎？」他問我。（一把斧頭是我在部落格中所使用的名字）

「是的，您是小蟹蟹囉。」我回答。

「不是，小蟹蟹在裡面。」那名年輕人指著池塘的深處回答我。

「疑？剛剛跟我通電話的人不是您嗎？」我有點迷糊了。

「是啊，是我，但我不是小蟹蟹。」那名年青人露出神秘的笑容。

經過溝通解釋，我們才終於明白，原來小蟹蟹是女生，但是在部落格裡她只負責照相，平常跟我們留言互動的則是她的男友，難怪小蟹蟹一直給人一種忽男忽女的感覺，原來如此，哈哈哈。

下過大雨，積著水的蓮霧園是海蛙出沒的地方。

在水溝裏發現的海蛙。

　　小蟹蟹的男友指著地上的觀察箱說：「裡面有兩隻海蛙，我們剛剛才抓到的。」原來他們兩人待會兒還要趕往墾丁去進行夜間觀察，為了不讓我們白跑一趟，因此特地先幫我們找到海蛙，於是一群人遂興奮地圍在觀察箱旁指指點點，而這時候，小蟹蟹突然現身，手持網子，裡頭竟然還有一條黑白相間的長蛇正不安地竄動著，嚇得大家一哄而散，於是讓小蟹蟹有點不好意思，因而只好將那條蛇放回池塘裡，不過卻已經讓我們見識到她的大膽與另類的喜好。

　　小蟹蟹和她的男友急著要離開，因此我們趕緊將海蛙從觀察箱裡抓出來，然後擺在池塘邊的草地上拍照，接著將海蛙放回池塘，同時還來張全體合照，用以見證這次大家的情義相挺，當然，我們也沒有忘記要感謝小蟹蟹的幫忙，讓我們不費吹灰之力就拍到海蛙的真面目，真是太謝謝她們兩人。不過在不久之前，我們一票人在高雄都會公園尋找

花狹口蛙時，也是輕輕鬆鬆地就順利尋獲，當時竹子就提出抗議，表示這樣不好玩，因為沒有辛苦跋涉，也沒有摸黑探險，過程一點也不刺激，所以在小蟹蟹跟男友離開之後，我們便穿起雨鞋、拿出手電筒，然後進入幽暗的池塘邊去探險一番，彷彿沒有這麼做，就太對不起大家了。

種著荷花的池塘裡，蛙況並沒有想像中的好，只有零星的蛙鳴，會是小蟹蟹與那條黑白蛇的干擾所致吧？因此在繞走一圈之後，大家都顯得意猶未竟，於是我決定轉移陣地，帶大家前往附近的蓮霧園去尋蛙，根據資料的記載，在佳冬鄉某處溝渠旁的蓮霧園或是檳榔園裡，很容易就可以發現海蛙，於是一群人立即驅車前往。

那是一條穿越田野的溝渠，兩旁有零星的住家，而更多的則是種著各種作物的田地。停妥車，我們沿著溝岸緩步尋找，果然找到許多可能的海蛙？（因為海蛙與澤蛙長得很像，沒有聽聲音或是近距離觀察，很難分辨。）我拿出事先準備好的釣竿，讓昆蟲幫的友人當場體驗釣青蛙的樂趣，於是在夜色當中，大家的笑聲與驚呼，讓寧靜的田野洋溢著一種突兀的歡然。當晚，我們總共釣到5隻蛙，逐一地辨識特徵之後，確定其中有一隻是海蛙，看來資料沒有騙人，而且那是我們靠自己的力量所尋獲的海蛙，意義自然不同，也因而讓昆蟲幫友人在佳冬的情義相挺，有了一個完美的結果。

台灣蛙界公認最神秘也最不容易發現的橙腹樹蛙。

我的辦桌蛙

尋訪地點	台東縣太麻里鄉
蛙名科別	橙腹樹蛙（樹蛙科）
命名年代	1994年
保育種別	保育類，台灣特有種

在網路上，我看過許多蛙友的部落格，裡頭有很多精彩的蛙類攝影作品，令人是既羨慕又佩服，而且，有很多蛙友玩蛙、拍蛙都已經有一段時日，因此目前台灣的33種蛙類，不少人已經都拍過，因此每當有人在部落格中發表已經完成所有蛙類的記錄時，便會有其他的網友在回應欄中留下：「辦桌！辦桌！」的字樣，以表示既恭喜又起鬨之意，於是有人遂將最後一隻尋獲的蛙稱為「辦桌蛙」，哈哈哈，那是要辦桌請客以表慶賀，可不是要將蛙蛙當作佳餚來擺上桌，因此，每個人的辦桌蛙不見得都一樣，不過通常都是一些較難發現的蛙類，譬如台北赤蛙、豎琴蛙、海蛙及橙腹樹蛙等。

從2009年的5月開始，我也跟隨許多前輩蛙友的腳步，開始記錄台灣的蛙類，不過作為一個文字工作者，我除了拍蛙還得寫蛙，因此與蛙遭遇的經過對我而言是十分重要的，因為沒有故事、沒有過程，就算讓我拍到美美的照片，我恐怕也無法寫出精彩的文字來，因此每一隻蛙，我除了要親自去尋訪，還得找出

橙腹樹蛙的臉部特寫。

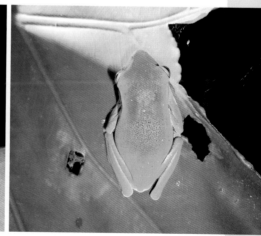

停歇在毬葉上的橙腹樹蛙。

剛剛吃到昆蟲的橙腹樹蛙，嘴邊還留有觸鬚。

橙腹樹蛙的蝌蚪，眼睛是朝上的。

相關的人事地物等資料來，才能寫出一些可讀的內容，所以辛苦當然是免不了的，不過有很多朋友與家人的支持和關心，讓我的尋蛙還算順利，經過一年三個月的努力，在2010年的暑假，我終於在台東的太麻里山區找到我的辦桌蛙，那就是蛙界公認最難找的橙腹樹蛙。

其實在那之前，我早就已經在7月初造訪過台東利嘉了，但是那次並沒有收獲，直到7月底，得知台東地區下了一陣子的雨水，顯然是尋蛙的好時機，於是邀請幾位住在台南、高雄也喜歡生態的網友一同前往，包括竹子、怡萱、阿廖及小廖；這次的尋蛙還有一個特別的地方，那就是我沒有自己開車，而是搭乘高鐵南下高雄，然後再搭網友們的車前往台東，那是我第一次搭乘高鐵，因而讓尋找橙腹樹蛙的過程再增添一項有趣的經驗。

中午用過餐後，我們從高雄出發，路經屏東時，天空烏雲密佈、大雨急下，但是我們並不擔心，因為那是盛夏午後慣有的雷雨，果不其然，穿越南迴公路抵達台東達仁鄉時，天空就跟太平洋一樣亮藍，讓

我們的心情也跟著輕鬆起來，那是一種好的預兆吧。
抵達大武鄉時，我們先到當晚要過夜的民宿辦理入住
的手續，一方面放置行旅，一方面熟悉地點，因爲晚
上的尋蛙活動可能會搞得很晚，民宿又位於偏僻的山
間，我們擔心會找不到路回來，哈哈哈，如果爲了尋
蛙而在台東街頭流浪，那可就糗大囉。

　　接著，我們在途中的7-11買晚餐，因爲晚上要去
尋蛙的地方十分荒涼，沒村沒店的，因此我們必須先
把肚子填飽才有力氣去找蛙。黃昏時刻，我們終於抵
達太麻里鄉的某處山頭，根據資料的記載，在山頭後
方的原始森林中有不少橙腹樹蛙，而森林的邊緣還有
幾座灌溉用的儲水槽，那是眾蛙快樂的天堂，每到夜
晚便會聚集橙腹樹蛙、莫氏樹蛙及白頷樹蛙等蛙類，
在那裡熱情地高歌。趁著天色還沒暗，我們循著山徑
往後山的方向前進，打算先去熟悉當地的環境，用以
降低夜晚尋蛙時的危險。

　　山徑兩旁的生態非常精彩，網友們走走停停，逐
一地拍下沿途所發現的各種昆蟲或蜘蛛，大家都顯得
十分高興，但是行動實在太慢了，害得我必須一路吆
喝催趕，大家才勉強走完全程。天還沒黑，森林裡沒
有聽見任何蛙鳴，只有在一根直立的水管裡發現兩
隻體色不同的艾氏樹蛙，顯然是一雄一雌，不過沒關
係，森林裡潮濕著，當夜色深濃時，橙腹樹蛙應該就
會出來覓食以及求偶。回到停車的地方，夜色已經從
四面八方包圍過來，只剩下西邊的天際還有一抹夕陽
的璀璨，大家從車上拿出自己挑選的晚餐開始享用，
有三明治、麵包、飲料、八寶粥以及便當，菜色還算
豐盛，特別是在如此荒涼偏僻的山林野外，能夠飽餐

橙腹樹蛙嘟著嘴想要親人的逗
趣模樣。

趴在水池浮木上的橙腹樹蛙，
一臉無辜可愛的表情。

本書作者在台東太麻里山區尋
獲橙腹樹蛙的歷史畫面。（竹
子拍攝）

一頓，其實已經是一種幸福了。

　　吃完晚餐，我們換上雨鞋、戴上帽子，並且拿出手電筒來，接著再度循著山徑進入森林，這時，森林裡的蛙況顯得十分良好，各種蛙鳴此起彼落地傳盪著，除了樹蛙之外還有叫聲驚人的小雨蛙，於是交織成一陣陣美妙的聲響。進入林道之後不久，我們便聽見橙腹樹蛙「瓜─瓜─瓜嘎」的叫聲，因而給我們十足的信心，而且越是深入，橙腹的叫聲越多，雖然大多是從森林的深處傳出，但是我們心裡都很清楚，找到神秘的橙腹樹蛙應該不難了。

　　就在即將抵達儲水槽的地方，我們突然聽見橙腹的叫聲就從很近的地方傳過來，彷彿就在身旁一樣，於是惹得我們都停下腳步來，然後將手電筒往山路旁的林樹間探照，但是卻不見蛙影，連聲音也沒了，等了一會兒，蛙蛙始終不願意再叫，我們只好有點失落地往儲水槽的方向繼續前進，而這時，小廖突然在我們身後喊著：「找到了！找到了！」是真的嗎？我們趕緊往回走，果然就在剛剛我們停下腳步的地方，在路旁的一片芋葉上發現了一隻橙腹樹蛙，怡萱在一旁喊著：「讓斧頭先拍！」（一把斧頭是我在部落格中的名字，網友們習慣稱我為斧頭。）而竹子也在一旁喊著：「慢一點，慢一點，我要幫你拍下找到橙腹樹蛙的歷史畫面。」於是就這樣，在既緊張又興奮的情況下，我

們終於在台東的太麻里山區找到了橙腹樹蛙，當時的心情著實無法以筆墨來形容，波湧的情緒裡有一種想要振臂吶喊的衝動，眞是高興啊。

我拍完照，大家擔心那隻橙腹隨時會跳走，因此圍著那隻蛙猛拍，於是閃光燈遂在森林中不停地亮著，宛如夜空中的煙火般，帶有一種歡然的氣氛。雖然在芋葉上已經拍到了橙腹樹蛙，但是我們依然往儲水槽的方向前進，因爲那才是我們此行的目的地，於是一群人走近水槽一瞧，果然在裡頭發現幾隻白頷樹蛙及一隻趴在浮木上的橙腹樹蛙，頭正抬著高高地望著我們，怡萱見狀說：「那嘟嘴的表情眞想給它親下去，看可不可以親出一位王子來。」哈哈哈，故事書看太多了；不過，我們依然意猶未竟地在水槽邊拍那隻橙腹，拍它嘟嘴的性感紅唇，拍它綠背紅腹的特徵，當然也拍出我們心中滿滿的感動與欣喜。

找到了橙腹樹蛙，我們心滿意足地從林道裡退出來，不經意地抬頭，才訝然發現滿天竟是燦爛的星斗，眞是美得令人沉醉呀。原來，尋蛙並不孤獨，有一群朋友的支持，有33種蛙的等待，還有許多美好事物的陪伴，讓尋蛙變得有些浪漫呢，於是回到停車的地方，我立即撥電話給家人和若干朋友，一來報平安，二來報告成果，那是一種感動與喜悅的分享吧。

註：在尋找橙腹樹蛙的過程中，阿廖與小廖找到一對不認識的竹節蟲，他們將相片po上網，沒想到竟然有專家前來告訴他們，那是一種從沒見過的新品種，並且詢問他們尋獲竹節蟲的地點，哈哈哈，真是意外的收獲。

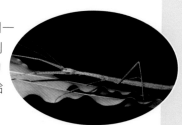

在尋獲橙腹樹蛙的同時，也一併找到的身份未明的竹節蟲。（阿廖拍攝）

附　錄

二〇〇八年夏雨　潘擐樑畫

本書作者的水墨作品

昆蟲幫在蓮華池

因為成立部落格，因而在網路上認識了若干的格友，其中有一群格友他們對於昆蟲非常的著迷，而且個個都擁有相當豐富的生態知識，於是在趣味相投的情況下，他們平時經常會一起出遊去尋訪昆蟲，因此遂以「昆蟲幫」來自稱。

四月底，昆蟲幫一行六人原本想去三義賞桐花，但是花期不對，幾經商討之後，他們決定轉往埔里來探索生態，因此身為地主的我，當然得好好地安排一番，免得讓他們失望，於是位於魚池鄉五城村的蓮華池研究中心遂成為我強力推薦的地點，因為當地是台灣知名的生態寶庫，擁有許多台灣罕見的動植物，包括菱形奴草及豎琴蛙等等。

其實，昆蟲幫的格友們來到埔里，我首先是帶他們到我服務的暨南大學來走走，因為其中有位格友據說未曾看過油桐花，因此未能如願地前往三義賞花，心裡難免會有一些小小的可惜吧；而剛好，在我的辦公室窗外還有幾棵仍有殘花落雪的油桐，因此讓他們先到暨大來賞花散步，同時見證一下生態環境也相當不錯的美麗

池塘裏長著萍蓬草及美麗的莕菜。

金花蟲拉屎？真是幸運的畫面。　　　　　　　這是台灣姬長腳金龜，把腳伸得長長的

校園，那是一種分享，也是一種小小的炫耀吧。

時序已經接近夏天，山區的午後經常會有驟雨，因此抵達蓮華池的時候，天空顯得有些陰霾，有一種山雨欲來的況味，所以我們沒有逗留，直接就前往木屋教室區，因為當地的小水池是豎琴蛙在台灣唯一的棲息地，而4月至8月間正是它們的繁殖期，所以前往木屋教室理當可以聽見豎琴蛙「登－登－登－登－登」悠揚的叫聲。從研究中心的停車場走石階而上，在鋪滿落葉的小徑裡，昆蟲幫觀察敏銳的本性完全顯露出來，樹上、地上、花叢及葉間，原本隱密躲藏的小蟲們紛紛地現形，於是惹得大家爭相拍照，使得隊伍走走停停，難怪他們曾經在南部某古道創下三個小時才走800公尺的紀錄，速度可真是慢啊，因此我必須不斷地吆喝催趕，才能順利抵達木屋教室區。

山林裡陰涼著，也安靜著，木屋教室右前方的水池裡果然傳盪著豎琴蛙「登－登－登－登－登」的叫聲，令人欣奮非常，於是我們噤聲不語，緩慢地走向水池，然後佇立在水池邊尋聲辨位，豎琴蛙有掘洞的習性，雄蛙通常會躲在土洞中鳴叫，因此不像其他的蛙類那麼容易發現它的蹤跡，所以透過聲音，我們雖然知道豎

腹部橙紅色的一種碩椿。　　　　　　　　長腹偽巨緣椿象；後腿十分粗壯。

琴蛙躲在那裡，但是沒有穿雨鞋，因此我也不敢冒然去挖尋，於是只能聽聽聲音過過癮，而這時！我突然發現前方的草叢裡有動靜，抬頭一探，竟是一隻正在覓食的碩椿，於是我踏向前準備將它抓出來，但是腳才剛挪動，草叢裡又有動靜，原來是一隻小蛙跳了出來，於是我手到擒來，抓蟲又捕蛙，然後將它們抓到空曠處讓大家拍照，這時，心不甘情不願的碩椿顯然生氣了，於是在空氣中彌漫著濃濃的臭味，但是根本無法嚇阻昆蟲幫的格友們，大家左拍右拍、上拍下拍，甚至還將它翻過來拍它紅橙的腹部，拍得真是仔細啊。

另外，那隻小蛙也沒有被冷落，看那形態應該是腹斑蛙，但是豎琴蛙和腹斑蛙本來就長得很像，更何況小蛙還沒長大，特徵尚不明顯，因此我們便以「疑似豎琴蛙」的身份，將它拍得徹徹底底、拍得毫無隱私，多少彌補沒能目睹豎琴蛙的小小遺憾吧。接下來，大家便四散在水池的周遭，或彎腰低頭，或翻轉樹葉，仔仔細細地尋找各種美麗的蟲影，於是持續地有驚呼傳出，只要有人找到理想的昆蟲，便會吆喝其他人來一起分享，於是金花蟲、蚱蜢、金龜子、椿象、毛毛蟲，不斷地成為大家數位相機裡一張張精彩

前方的是豔金龜，而後方較模糊的是梭德豔金龜。

象鼻蟲的一種。

的作品。

在水池旁有一道斜坡，上方長著幾株野牡丹，有人辛苦地爬上去觀察，結果找到兩隻漂亮的金龜子，於是引起大家的跟進，因而紛紛地轉移陣地，我也跟著爬上去瞧瞧，結果在草坡的石縫間又找到了兩隻蛙，分別是黑蒙西氏小雨蛙及面天樹蛙，將它們擺在石頭上，又引起大家的圍觀及拍照，閃光燈一閃一爍的，嚇得那兩隻蛙不知所措，一臉愣然的模樣真是逗趣，看來，昆蟲幫不只對昆蟲熱情啊。

可惜！大家都還沒有拍過癮，山林裡卻開始下起細雨來，儘管大家都有攜帶雨具，但是在雨中，由於光線嚴重不足，拍出來的照片大家可是會很不滿意的，因此昆蟲幫的興致被雨給澆熄了大半，只好依依不捨地離開水池，然後往步道的方向隨意地漫步，並且準備離開。不能尋蟲，看看雨中的山林景色也不錯，也許放下對昆蟲的某些專注，蓮華池的精彩與美麗，大家就更能領略一二了。

孩子與蛙

在記憶中的童年，青蛙是一種很重要的動物，因為在那貧困的年代裡，在田野間釣青蛙曾經帶給我們無比的成就與歡樂，而且在餐桌上，青蛙還可以成為一道道美味的佳餚，因此對於青蛙的喜愛是一種來自生活的需求，也是一種無關對錯的選擇，然而儘管如此，如今想起來，當年的釣蛙、吃蛙，多少還是會讓心底有一些愧疚，於是在這樣的心情之下，近幾年來在親近自然與觀察生態的過程中，我顯然對於蛙類有著較多的關注，如果您認為那是偏愛，我不否認。

因此，經常會有朋友問我：「你那麼喜歡青蛙，你的家人和孩子也喜歡嗎？」其實，這個答案是不容易回答的，因為我的家人儘管沒有像我一樣那麼喜歡青蛙，不過他們似乎並不討厭，而且對於我的尋蛙行為也不反對，偶而還願意陪我到處去找蛙。但是他們都不敢抓蛙，妻子看見蛙會自動閃開，而女兒則會大呼小叫，至於兒子，通常都是在我的勉強之下才願意抓蛙，他們喜歡蛙嗎？我有點懷疑？

我記得第一次讓孩子們抓蛙，那是在多年前的一個

兒子在溪邊玩水意外地找到一隻蛙。

孩子們有一隻布偶蛙蛙，泡湯時也要一起入鏡。

初夏，我們一群朋友到小鎮北邊的能高瀑布去賞螢，在水氣彌漫的溪谷裡，點點的螢光從漆黑中浮出浪漫的氣氛來，突然！有人驚叫一聲：「啊！蟾蜍。」我趨前一看，原來是一隻雌的褐樹蛙，在大家的手電筒的光束的探照下，現出龐大醜陋的身軀，確實有幾分癩蛤蟆的樣子，後來，我將它抓進塑膠袋裡，打算隔天要幫它照個相。

翌日上午，帶著孩子與那隻褐樹蛙，我們到附近的公園裡照相，除了拍蛙，我也拍人，於是要求孩子們要輪流抓蛙給我拍，一開始，兩個孩子始終不願意配合，互相推辭，忸忸怩怩的態度惹人生氣，因此只好使出父親的威嚴來，他們才心不甘情不願地就範；但是當女兒抓蛙時，兒子卻在一旁竊笑，換兒子抓蛙時，女兒則是一臉幸災樂禍的模樣，彷彿跟蛙蛙照相是一件非常痛苦的事，真是讓我有些生氣。

不過，我並沒有因此就放棄讓孩子們親近青蛙的可能，在兒子從國小畢業的當天下午，我就帶他去鎮郊的一處山溝裡釣青蛙，試著要他去體驗屬於我的童年的歡然，還好，兒子並不討厭，而且還釣得頗為愉快的。接下來，在一個沒事的假日午後，我們全家到魚池鄉大雁村的青蛙湖去釣牛蛙，那是一處提供遊客露營與體驗釣蛙樂趣的地方，第一次

210

看見體型非常碩大的牛蛙，孩子們都覺得十分意外而且新奇，於是興致勃勃地在池邊釣牛蛙，釣得驚呼連連，也釣得笑聲不斷，顯然，那是一次相當有趣的釣蛙經驗。

之後，有幾次的外出旅行，我都刻意安排在途中去尋蛙，妻子與孩子們並不排斥，甚至對於我這種有點瘋狂的尋蛙行為已慢慢地能夠接受，然而要他們穿起雨鞋跟著我到野地森林裡摸黑找蛙，他們還是做不到，只是願意待在車上等我，不過兒子在我的半強迫下，倒是有幾次的例外；也許，跟著我在黑暗中去尋蛙探險，過程並不是那麼好玩，但是我相信，那會是一種十分特別的經驗，在他往後的成長歲月中，也必然會是一種有趣的回憶；因此，孩子們現在喜不喜歡蛙，顯然就不是那麼重要了。

在童年時期，青蛙是一種無可取代的動物，如今時空轉換，我對於青蛙的喜愛仍然沒有改變，因此，到處去尋蛙、寫蛙，其實不單單只是一種興趣或者計畫而已，它也是一種

記憶的延伸、一種歡喜的保存，因此在尋蛙的過程中，我試著讓孩子們與蛙類接觸，在潛意識裡，應該多少有種傳承與分享的意圖存在吧，於是在親近蛙類的過程中，我相信孩子們會慢慢地明白，對於生命的尊重與環境的愛護，那將會是他們未來必須要去關心的重要課題。

在公園裏，孩子們第一次與蛙合照。

這隻褐樹蛙，就是孩子們所接觸的第一隻蛙。

庭院裏的水池

我住的社區位於市鎮的北邊，四周田廣野闊，因此一推窗一開門，輕易地就可以看見四時更遞的田野風光，或蜂蝶飛舞、鮮綠滿盈，或秋風送涼、橙黃一片，於是在季節的轉換中，生活過得有些適意與慵懶。

住家前有一塊小庭院，約兩坪大，小得擺不下一部汽車，因此我遂任意地放置一些花草盆栽，讓那處空間自然地荒蕪或是生機盎然。盆栽與盆栽之間，當然會有一些縫隙，加上持續地澆著水，因此爬滿著苔綠，形成了一處隱密而且自然的小空間，於是在春夏之際，經常會有蛙類從田裡跑到庭院來，然後在窗外鳴叫幾天，如果沒有其他蛙兒的回應，無趣了，它們便會主動離開，於是在小小的庭院裡，經常可以遇上不同的蛙類來來去去。

去年，我心裡想，既然青蛙喜歡來，那我何不造個適合它們生存的環境，讓蛙類可以長期地住下來，而這樣的主意

庭院裏的小水池裏有養魚，還有池邊的蛙的裝飾品。

庭院水池的角落

水池裏的腹斑蛙，是不請自來的貴客。

得到了家人的支持，於是找一個假日，我們全家到附近的溪床上去撿些石頭回來，打算自己砌一個水池，不但可以讓蛙類居住，而且還可以養些魚，同時讓荒蕪許久的小庭院重新整理一番，也讓自己的居家環境可以有一種全新的氛圍。

水池砌好之後，當然還要種些植物來點綴，讓庭院裡多些綠意，於是在水裡種些水金英、睡蓮及水芙蓉，而岸邊則種些彩芋及耐濕的花草，至於牆面則掛著蘭花；接下來，我們還到水族館去買些金魚回來，並且到附近的田間溝渠去撈一些大肚魚，於是將小小的水池經營得份外精彩，從此以後，每到假日，從住宿學校回來的孩子們，便喜歡蹲坐在池邊觀察悠遊的魚兒，只是不知道，他們有沒有從中得到一些有趣的啟發，或者只是單純地想跟魚兒親近罷了。

有了魚兒，當然也要有蛙，我們不想被動地等待蛙兒上門，因此主動地到野外去釣幾隻回來，包括腹斑蛙及拉都西氏赤蛙，於是庭院裡遂開始有著小小的騷動；接下來，陸陸續續有其他的蛙兒前來探路，包括貢德氏赤哇、澤蛙及蟾蜍等等，但是我們不敢養太多，擔心過份的喧嚷會吵到鄰居們的睡眠，所以每天下班回到家，第一件事情便是去巡視蛙況，看看有沒有新朋友到訪，盡量讓蛙的數量控制在熱鬧但不吵嚷的情況。

有魚有蛙，還有一些花草，小小的庭院因為那處水池的存在而變得很不一樣，因此，一推窗一開門，我們不但可以輕易地看見四時更遞的田野風光，而且還可以看見生活中的某種樂趣，屬於刻意經營與來自觀察的那種，於是在季節的轉換中，我們的生活是過得是更加適意而且精彩了。

多良，山居

　　臨海的部落安靜著，只有風不停地吹，於是輕易地在海面、在林稍，掀起一陣陣譁然的聲響與陽光的亮采。驅車在林道上爬昇，開著窗，於是有風灌進，是山風，也是海風，還有一身愉悅的舒涼。

造訪多良，那是因為在部落上方的山巔住著一位有故事的人，朋友們都習慣稱他為F，從職場退下來之後，在台東這處臨海的山林，F用一種貼近自然的筆調，描繪出既粗獷原始又溫柔寧靜的山居生活，因而讓許多第一次造訪的朋友是既驚奇又羨慕。

　　2010年的暑假，為了尋找橙腹樹蛙，我在網路上搜尋相關的各種資料，無意中發現了住在多良的F，因為在他的果園後方的原始森林中也有橙腹的蹤跡，有人曾經在那裡拍過橙腹的美麗身影，而剛好，

住在台東縣卑南鄉的朋友—山豬，他與F是好朋友，同樣都是台東荒野保護協會的成員，因此透過他的引薦，我才有機會前往多良一探。

　　要前往多良的前一天夜晚，我投宿在山豬所開的民宿裡，因為民宿後方的利嘉林道便是我尋找橙腹樹蛙的主要

山屋擁有粗獷的木雕作品及爬滿屋頂的綠色的山葡萄。

外型有如一枚陶笛的梭德氏棘蛛。

原始的山屋與盡忠職守的狗。

地點之一，但是很可惜，夜裡的林道乾燥而且安靜著，完全沒有任何的蛙鳴，因此讓我在利嘉的尋蛙之行毫無所獲，所以，前往多良拜訪F，遂成了我尋找橙腹樹蛙的最後希望。

山豬忙碌著，隔天一大早，交給我一張前往多良的地圖之後便出門，沒想到隔沒多久，F竟然前來造訪山豬，原來！當天早上台東荒野保護協會在利嘉林道有定點觀察的活動，F特地從多良趕過來參加，因爲集合的地點離山豬家不遠，因此順路過來串串門子。山豬不在，我遂與F在民宿的客廳裡聊了起來，聊我前來台東尋蛙的目的，也聊聊F在多良山上的情形，但是時間有限，因此我們約定下午在他多良的山上再碰面。

中午，我們先到太麻里用餐同時等待F的電話，但是後來透過電話的聯繫，知道F還沒忙完，於是我遂大膽地開口：「我們先上山去等您好了，山豬有給我地圖，我應該可以找得到你家。」「好啊！你先上去。」F在電話中爽快地答應。於是我們從太麻里繼續往南，在亮麗的陽光中抵達濱海的部落—多良。

從臨海的省道轉進部落，山路是一路的陡昇，沿途叉路很多，加上沒有路標，一般人要不迷路都很難，幸好我手上握有地圖，加上喜歡探險的個性，讓我們很順利地抵達F山上的家。

事先，已經在其他網友的部落格中看過F住處的相片，因此第一次目睹F的家，我並

山屋裏頭有一具以橙腹樹蛙
為造型的萬用鍋爐。

小狗住的狗窩，十分醒目。

山屋入口處的迎賓木雕像
令人印象深刻

沒有太多的驚奇，不過仍然深深地為那粗獷原始的山屋而著迷不已，住屋一旁還堆放著許多的木頭與雜物，那應該是F平常用來蓋房子及創作的材料吧，在寧靜的山巔，除了種植枇杷及甜柿等果樹之外，創作似乎也是一種工作、一種生活中的興趣吧，於是在F住家的外牆及角落裡，到處可以看見極具個性的木雕或是裝置的作品。

F養著一條狗，原本躲在屋子下方的陰涼處午睡，我們的突然闖入讓它十分不悅，於是相當盡責地拼命狂吠，因而惹得另一旁的雞群也跟著緊張起來，於是在我們眼前上演一場「雞飛狗跳」的戲碼，害我們有點不好意思，於是只好

不停地安撫那條狗，但是一點效果也沒有，因此，我們只好任由它狂吠下去，直到它叫累了，才有點自討沒趣地躲回屋子底下去歇息。

狗吠停了，我們聽見屋前的空地角落有白頜樹蛙的叫聲傳出，走近一看，原來是一窪小小的池子，旁邊長滿著野草，幾乎將池子給蓋滿，要不是裡頭傳出蛙鳴，我們根本就不會發現，不過，看來那應該不是橙腹樹蛙的棲身之所，因為離住家太近，而且旁邊沒有森林，與網路上的形容根本不符合，但是在蒼茫與遼闊的山頭，我根本不知道住著橙腹樹蛙的儲水桶在那裡？也不清楚方向，因此只好等待，等待F回來。

從多良山頂眺望
太平洋的一景。

在等待的過程中，我們其實並不無聊，因為F的山屋很耐看，屋頂盤據著長滿綠葉的山葡萄，與木頭的粗獷形成有趣的搭配，而且還有一隻狗、一群雞，以及若干白頷樹蛙陪伴我們，加上我還抽空到附近走走，看看能不能發現什麼有趣的東西，於是在F的果園裡，我發現許多昆蟲及蜘蛛，而且還在一只水桶裡找到一隻艾氏樹蛙；堅持用最自然、最溫柔的方式來經營他的土地，讓F的山林處處洋溢著自然的生機和能量，儘管一開始，天災加上鳥禍，曾經讓他的果園幾乎沒有收成，但是F並不在意，他堅持走正確的路、做對的事情。

在F的住家，手機沒有訊號，因此無法取得聯繫，不知道F是否已在返家的途中？由於當天與幾位朋友約在屏東碰面，我們晚上要去尋找海蛙，因此無法久候，於是在妻子的提醒下，我們在黃昏的時候離開，雖然無法與F再一次當面深談，但是在多良部落的山巔，我其實早與山林有了一次精彩的對話，粗獷的山屋、吵鬧的雞狗、安靜的山林、健康的果園，還有亮麗的陽光與溫柔的風，再再都讓我清楚地明白，原來山居可以如此自然、生活可以如此精彩。

臨海的部落安靜著，只有風不停地吹，於是輕易地在海面、在林稍，掀起一陣陣譁然的聲響與陽光的亮采。驅車離開輝哥的山屋，開著窗，風依舊舒涼，那是山風，也是海風，還有對於多良山居的一種依依不捨吧。

尋蛙記

正在解剖研究青蛙的John Daly先生。

朋友黃醫師，他在鎮上開設耳鼻喉科診所，為了要在醫學方面有更進一步的突破，他抽空到嘉義南華大學自然醫學研究所進修，企圖要瞭解更多、更自然的醫療方法，用以照顧病患。

「下個禮拜，我們所長跟他老師要來埔里。」有一天，黃醫師這樣告訴我，並且問我有沒有空可以幫忙接待，因為所長的老師是一位青蛙專家，他希望來埔里時有人能帶他去找青蛙，基於朋友之間的情誼，也加上我本身對青蛙有濃厚的興趣，於是我便答應了，為此，我們還特地買了青蛙的書籍和CD，準備要送給來訪的貴賓。

4月11日一大早，所長及其老師一行三人從嘉義北上，我先安排他們到集集特有生物中心參觀，而我則從埔里出發與他們會合。初見面，所長姓莊名輝，一臉的鬍子讓我有一種「電影導演」般的錯覺，而所長的老師則是一位高齡80歲的美國人，名叫John Daly，拿過世界上各種重要的科學獎項，目前是諾貝爾獎的候選人之一，另一位負責開車的則是黃醫師的同學，也在南華自然醫學研究所就讀。

看完集集特有生物中心，我們驅車前往水里，因為我正好在水里蛇窯有一場水墨畫展，於是順道帶他們前往參觀。蛇窯雖然與自然或醫學無關，但是園區內濃濃的人文陶味，倒也頗能引起莊所長一行人的興趣，大夥是看得津津有味。

接近中午，我們離開水里，直接前往黃醫師位於魚池

有一條背中線的澤蛙。　　長得像導演的莊所長與John Daly先生。

鄉五城村的山中小屋,那裡的生態十分良好,車子一抵達,山腳下的溝渠裡便傳來「給—給—給」腹斑蛙的叫聲,像似在歡迎我們一樣,而黃醫師這時候也帶著家人前來與我們會合。中午用完餐之後,莊所長的老師John Daly先生便到處走走,看來是等不及要開始去找青蛙了,而我則小試身手,在水池邊抓了一隻澤蛙、一隻腹斑蛙與兩隻拉都希氏赤蛙,隨即用保特瓶裝著供John Daly先生參考。

　　下午,黃醫師還要回診所看診,於是我們便分道揚鑣,我帶莊所長三人先到晚上要找青蛙的地點熟悉環境,那是一處位於森林中的小水塘,要前往水塘必須先爬一段石階,莊所長爬得有點辛苦,落後許多,但是John Daly先生卻腳

步穩健地跟著我,已經80歲的老爺爺體力好得讓人印象深刻。下午三點,那處水塘安靜無人,沒有聽見任何蛙鳴,只有五色鳥在附近的山林「咯咯咯咯」地叫個不停;在水塘邊巡視,雖然青蛙不多,不過水塘裡倒是棲息著相當數量的蝌蚪,這時突然看見John Daly先生一個箭步躍起,手中隨即多了一條小蛇,看樣子是沒有毒的花錦,十分溫馴,輪流給我們把玩之後,John Daly先生便將它放回草叢裡;而這時候,我們忽然聽見水塘上方傳來「國喔—國國國國」低沉的聲音,那是莫氏樹蛙,我們的青蛙老爺爺顯然感到興趣,於是立即爬上坡地,經過一番搜尋,終於在一個廢棄的水槽裡抓到全身翠綠的莫氏樹蛙,而這時,我卻意外地瞧見John

Daly先生用舌頭去舔樹蛙，莊所長告訴我，那是他的習慣，尤其是有毒的蛙，而且是越毒他越喜歡，因此他的體內可能因此而累積了許多的蛙毒，所以不怕疼痛，真是一位奇怪的老人。後來，我把莫氏樹蛙跟其他四隻青蛙一起裝在保特瓶裡。

John Daly先生是美國國家中央研究院醫學研究所和馬里蘭醫科大學的教授，從1958年起至2003年之間，四十幾年的醫學研究中，他已發表了624篇的論文，而且獲得美國及許多國際獎項，包括美國國家最高官員特級貢獻獎、美國總統特別獎、日本科學研究創作獎、阿根廷國家自然科學委員獎、瑞典醫藥科學研究院獎、美國國家中央研究院醫學研究所最佳特級獎以及被提名世界前200名頂尖藥理研究者

等等，成就斐然。

熟悉環境之後，我們接著前往日月潭，一方面是去欣賞美麗的湖光山色，一方面也是要去尋找青蛙，據說日月潭水蛙頭步道附近的蛙況不錯，因此是我們主要想去拜訪的地點；而在路上，裝在保特瓶裡的莫氏樹蛙一直「國國國」地叫個不停，彷彿是在說：「放我出去！放我出去！」惹得我們有點不好意思。

抵達日月潭，在水蛙頭自然步道的入口，我們停妥車、帶妥器具，準備深入潭邊去找青蛙，而就在這時候，住在魚池鄉的好朋友—武誠兄恰巧開車經過，停下車來跟我們打招呼，我向他介紹莊所長與John Daly，並且告訴他我們此行的目的，這時，坐在一旁的邱太太熱心地告訴我們，他們家也有樹蛙，經常會爬到窗戶的玻

水溝中一對黑蒙西氏小雨蛙正在親熱。

叫聲如竹管敲打的白頷樹蛙

璃上，這項訊息非常寶貴，透過翻譯轉述，John Daly先生也感到十分興趣，因此我們打算在探訪水蛙頭步道之後，隨即趕往武誠兄的家中去找樹蛙。

水蛙頭步道沿途的生態十分豐富，是日月潭賞蝶、觀鳥及聽蛙的好地方，步道一開始就往下陡降，兩旁是美麗的孟宗竹林，步道的盡頭雖然沒有觀景台，但是臨近潭面，視野仍佳，而且在潭邊還有一件「九蛙疊羅漢」的雕塑作品，或趴、或游、或跳，造型十分可愛生動，是遊客參觀的重點，John Daly先生也覺得很有意思，於是拿出相機來拍照。回程，我們離開人工步道，在落滿樹葉的竹林底下尋找蛙蹤，雖然在一根儲著水的竹幹裡發現了艾氏樹蛙的蝌蚪，但是一路上卻沒有發現任何青蛙，真是教人失望，還好沿途的火燒柯正在開花，美麗的花穗與聞香而來的蜂蝶，讓人稍感不虛此行。

離開日月潭，我立即和武誠兄聯絡，並且直接前往他家找樹蛙。武誠兄以種蘭花為業，住家前有一處美麗的庭院，院子裡有水池、花草及樹蔭，是青蛙理想的棲息地，但是我們在他住家前後繞走一圈，並沒有發現青蛙，只找到一隻斯文豪氏蜥蝪，大概是因為天還沒黑吧，因此青蛙仍躲在洞裡，於是我們拜託武誠兄晚上幫我們找找看，如果有發現再跟我聯絡。

接著，一行人返回埔里，看看時間還早，於是我安排莊所長等人前往龍南漆器參觀，那裡是台灣唯一僅存的天然漆文物館，是一處相當具有文化價值的人文景點，而這時候，看完診的黃醫師也趕過來跟我們會合，大家在文物館內聽解說、看文物，都覺得興味盎然；而我則暫時抽身，先回去洗個澡、吃個飯，經過短暫的休息之後，晚上九點，我們又上山去尋找青蛙。

夜裡的山林是漆黑與神秘的，我們一行五人又來到下午事先探勘的森林裡，車子停在產業道路旁，莊所長與黃醫師因為怕蛇？也怕黑吧？所以藉故有要事商量而留在車上，於是由我和另一位黃醫師的同學陪John Daly先生進入森林。一樣的石階、一樣的樹林，夜

在這一大片的落葉中，躲著一隻小雨蛙，您發現了嗎？

吸附在葉片上的一隻面天樹蛙。

晚的情境和白天全然不同，在白天顯得安靜的小水塘，在夜裡卻熱鬧的讓人意外，有貓頭鷹呼呼的叫聲，也有昆蟲唧唧唧地唱著，還有各種蛙類放開喉嚨大聲鳴叫，讓黑暗的森林裡充斥著此起彼落、喧嚷不休的自然的聲音。我們三人，在水塘邊散開來，就著手電筒的光線開始尋找青蛙，同時將抓到的蛙類依大小分別裝在不同的塑膠袋裡，以避免小蛙被大蛙給吃了。大約十一點，我們清點成果，發現三人總共抓了九種的蛙類，約佔台灣蛙類的三分之一，可謂成果豐碩，其中包括腹斑蛙、拉都希氏赤蛙、古氏赤蛙、小雨蛙、黑蒙西氏小雨蛙、褐樹蛙、白頜樹蛙、莫氏樹蛙及澤蛙。

回到停車的產業道路上，我們卸下裝備，向躲在車上的莊所長及黃醫師展示我們的成果，John Daly先生也顯得很滿意，他打算當晚就要將捕獲的青蛙進行辨識、拍照及記錄，於是我送他們回到黃醫師山中的小屋，我便返家休息，結束辛苦但卻有趣的尋蛙之旅。

隔天，John Daly先生在南華大學還有一場專題演講，因此一大早便離開埔里。據說，當天的演講中，John Daly先生特別提及前一晚捕蛙的經過，並且當場展示許多蛙類的影像，讓大家開開眼界。而就在這時候，我接獲魚池鄉武誠兄的電話，他告訴我他抓到了兩隻樹蛙，一黑一褐，我在興奮之餘，一方面請武誠兄先幫我把那兩隻樹蛙保管好，另一方面趕緊通知黃醫師轉告給John Daly先生知曉。

4月14日，John Daly先生要返美的前一天，再度造訪埔里，當天下午我在暨大與他們會合，隨即前往武誠兄家裡去看那兩隻樹蛙；裝在保特瓶裡的樹蛙體積都不大，屬於小型的蛙類，一隻全身漆黑，一隻褐白交錯，拿出青蛙圖鑑來對照，其特徵與艾氏樹蛙或面天樹蛙有些相似，但是不吻合的地方卻也不少，這讓我們都迷糊了，不過那兩隻樹蛙卻讓John Daly先生如獲至寶，連連向武誠兄表示謝意。

離開武誠兄家裡，我們隨即前往魚池鄉的東光陶莊，去那裡喝茶賞陶，當然也包括去尋蛙。我經常前去陶莊作客，知道陶莊裡的水池有叫聲如狗吠的貢德氏赤蛙，但是當天，我們卻只找到並不希奇的拉都希氏赤蛙，不過主人的熱情招待與茶香撲鼻，倒是讓莊所長及John Daly先生都倍感溫馨怡悅。傍晚的時候，我們離開陶莊，直接返回埔里用餐，這時候，看完診的黃醫師也趕來餐廳與我們會合；在餐桌上，除了聊青蛙，莊所長與黃醫師聊更多的，則是許多醫療研究的合作案，雖然我是門外漢，但是如何利用更多、更自然的方法來照顧民眾的健康，則是我所樂見與期待的。

用完餐，John Daly先生表示晚上不抓青蛙了，他要回黃醫師的山中小屋去解剖研究那兩隻奇怪的小樹蛙，於是我開車送他們上山，在小屋中略作休息之後，只見John Daly先生從行旅包裡取出簡易的刀具和藥物，準備要處理那兩隻樹蛙；首先，是幫它們照相，接著剝下樹蛙的表皮，並塞進裝有藥水的試管裡，至於樹蛙的身軀則綁上寫有編號的小牌子，然後裝進酒精罐裡保存，以便回美國時進行分析研究；在一旁喝啤酒的莊所長告訴我，一隻青蛙的表皮，經過John Daly先生的實驗解析，便能夠成為一種藥物，毒性越強的青蛙其用途就越大，因此那兩隻樹蛙的犧牲，應該是意義非凡吧！至於之前所捕捉到的青蛙，John Daly先生則直接放逐在屋旁的山溝，讓它們回到自然裡，這時，屋外腹斑蛙「給―給―給」的叫聲，忽然響亮了起來，似乎是在歡迎同伴的歸隊一樣。

《蛙現台灣》參考資料

台灣的兩棲類動物　呂光洋　台灣省政府教育廳　1980年
賞蛙地圖　楊胤勛　晨星出版　2009年
楊懿如的部落格http://yyr.froghome.tw/
楊懿如的青蛙學堂http://www.froghome.idv.tw/index.htm
蛙聲辨識網http://call.froghome.org/call_demo/index.php
台灣兩棲類保育網http://www.froghome.org/
NEO老書的部落格http://blog.xuite.net/ne63/blog

青蛙在哪裡？ 〈解答篇〉

P137

P222

各位讀者，您找到了嗎？

國家圖書館出版品預行編目資料

蛙現台灣 / 潘樵著 --初版--
臺北市 ： 博客思, 2010. 11
面 ； 公分
ISBN：978-986-6589-27-0（平裝）
1.青蛙 2.環境生態學 3.臺灣

388.691   99022383

蛙現台灣

作 者：潘樵
編 輯：張加君
美編設計：涵設
出 版 者：博客思出版事業網
發 行：博客思出版事業網
地 址：台北市中正區開封街1段20號4樓
電 話：(02)2331-1675或(02)2331-1691
傳 真：(02)2382-6225
E-MAIL：lt5w.lu@msa.hinet.net或books5w@gmail.com
網路書店：http://store.pchome.com.tw/yesbooks/
http://www.5w.com.tw、華文網路書店、三民書局
總 經 銷：成信文化事業股份有限公司
劃撥戶名：蘭臺出版社 帳號：18995335
網路書店：博客來網路書店 http://www.books.com.tw
香港代理：香港聯合零售有限公司
地 址：香港新界大蒲汀麗路36號中華商務印刷大樓
C&C Building, 36,Ting, Lai, Road, Tai,Po, New,Territories
電 話：(852)2150-2100 傳 真：(852)2356-0735
出版日期：2010年11月 初版
定 價：新臺幣400元整（平裝）
ISBN：978-986-6589-27-0